有機農業の思想と技術

高松 修

コモンズ

ありし日の著者

もくじ● 有機農業の思想と技術

装丁●日高真澄

プロローグ

近代化農業の破局と明日の有機農業

1　近代農業がたどってきた道

伝統農業は自然環境に適応し、自然の有機物によって土を生かし、作物を健康に育て、病害虫を克服してきた。かつての水田では、稲は山から水に溶けた養分によって育てられ、化学肥料は持ち込まれなかった。今日でも、東南アジアの稲作は自然適応型が基本である。タイ米がアメリカ米に負けない力を持てる理由は、山からの養分を存分に活かす稲作で、化学肥料や農薬、それに高価な機械に頼らないからである。

日本の稲作は「米」という字に象徴されるように、「八十八手」もかかる労働集約的な技術として発展してきた。子どものころ食べ残しをすると、「お百姓さんの汗の結晶なのだから、一粒も残さないように」とお説教されたことが思い出される。一九五〇年代までは、過重な労働力を投入することで収量は増え続け、篤農家は反収六〇〇kgを超える生産を可能にする技術を開発した。

ところが、六〇年代以降からは、反収を上げるよりは農業の工業化が追求されるようになる。肥料は堆肥ではなく化学肥料へ、田植えは機械植えに、手取り除草から除草剤に、病害虫には農薬の空中散布、稲刈りはコンバインへ——。それによって、農民は過酷な労働から解放された。一〇aあたりの平均労働時間は、六〇年の一七三時間が、九五年には四〇時間を切るまでになった。しかし、この過程で近代農業は、自然環境を守り、健康を増進する食べ物をつくる、生命を育む産業とはかけ離れてしまったのである。

まず、官製技術が伝統的農民技術を破壊し、創造する喜びを農民から奪った。それは有機物による土つくりを基本とする技術ではなく、化学肥料による収奪の技術であった。「農学栄えて農滅ぶ」という名言が現実になったのである。

二つ目に、農薬や化学肥料の多投により米が化学物質に汚染されてしまったことから、化学物質過敏症の人にとっては米がアレルギーの原因食になったり、環境ホルモン汚染が心配されたりしている。

三つ目に、DDT、BHCなどの殺虫剤、MO〔原体名CNP〕などの化学除草剤によって水田が不純物やダイオキシンで汚染された。また、化学肥料により河川の富栄養化が増大した。

四つ目に、農薬によって害虫だけでなく、害のない虫や益虫にも影響が出た。クモやヤゴ、それにザリガニやメダカ、フナ、ドジョウ、タガメなどが淘汰された。今日、トキの人工孵化が話題になっているが、トキの絶滅は餌であるドジョウが残留農薬で汚染された結果なのであるから、農薬多投の稲作を改めなければ本来の意味でのトキの復活は期待できない。

五つ目に、購入資材費（化学肥料・農薬）や高価な機械（コンバイン）のため、日本の米はますます高価になってしまった。日本の大規模層の生産費でさえ、国際相場より一ケタ高く、完全自由化されればとうてい太刀打ちできない。タイの稲作に比べると生産経費が高すぎ、アメリカの稲作に比べると経営規模が二ケタ小さいからである。

2 大規模化とバイテク化をめざす政府の政策の問題点

米自由化を見越して農水省は、①日本農業の担い手を一〇ha以上の専業大規模経営体に託し、②ヘリコプターによる直播き、無人ロボットの導入を行い、③「21世紀グリーンフロンティア研究」によって、世界に先駆けて遺伝子組み換えイネの開発を狙っている。しかし、これらによって、上述のような状態を打開できるとは思えない。

小農こそ自給の柱

農水省は化学化・機械化によって破綻したバブル稲作を、さらなる重装備化で乗り切ろうとしているが、矛盾を深め、破局を早めるように思えてならない。

第一に、世界の米の九割はアジアで生産されているが、そのほとんどは国内消費用であり、貿易量は世界生産の五%程度にすぎない（米が自由に買えないことは、冷害年〔九三年〕にタイ米をめぐってのバカ騒ぎで思い知らされた）。さらに、二一世紀の半ばには世界人口が一〇〇億人に達するといわれているが、そのときにいったん食料危機が起これば、食糧は自国でまかなう以外にない。ところが、日本で一〇ha以上の大規模経営体を優遇するという施策は、言い換えれば小農の切り捨てである。都府県の水田面積三ha以上層は二〇%そこそこにすぎず、日本の米の過半は一・五ha規模以下の小農によって支えられているのである。この層を切り捨てることは、米の完全自給を不可能にすることにほかならない。

北海道の一部を除けば、「一〇ha以上層」は現実的ではない。しかも、北海道の近年の夏の異常気象をみれば、そこで安定した収穫は望めないだろう。やはり、内地の三ha規模の中堅農家が安心して米つくりに励める施策を講ずることを、まず基本に据えるべきである。

農民不在の無人ロボット

近年、ヘリコプターによる種子の直播きが話題になっているが、この技術は多植栽培に比べ除草が困難なので、除草剤が不可欠である。

また、苗箱などを運搬するために導入が計画されている無人ロボットは、工場内では有効でも、水田での泥水を被らざるを得ない作業で役立つとは思えない。いや今日すでに、「一〇aあたり平均労働時間四〇時間」なのである。平均一ha規模の専業農家なら、年間四〇〇時間で足りる。一日八時間労働すると五〇日分である。夫婦二人なら、すでに一年の内一一カ月は失業しているということになる。さらなる無人ロボットの導入は、農民を失業させることなのである。

「21世紀グリーンフロンティア研究」の危険性

農水省は「国家バイオ戦略」に則り、九九年から七年間「21世紀グリーンフロンティア研究」に着手することを決定し、初年時に一四億八〇〇〇万円の予算を計上した。研究の内容は、①イネゲノムの解析による有用遺伝子の特許化、②遺伝子組み換え技術の開発などである。［中略］

「21世紀グリーンフロンティア計画」は、二一世紀の食料・環境問題を解決できるどころか、世界の食糧生産の破局を速め、死に瀕している日本稲作にとどめを刺すことが心配される。農水省が食糧危機に本気で備えるなら、食料自給率を高めるために減反田で大豆を、水田裏作で小麦を作付けするのが先決なのに、それをせずに遺伝子組み換え技術の開発を正当化しようとするのは納得できない。

アメリカでは、モンサント社などが遺伝子組み換えコシヒカリの試験栽培を行っている。「日本がいま始めなければ、アメリカが開発する改造コシヒカリに席巻されてしまう。それに対抗するためにはイネゲノムの特許をいちはやく取っておくことが必要である」というのが推進側の言い分だろうが、もし日本の研究でイネゲノムの有用特許を取れたとしても、モンサント社などが遺伝子組み換え技術の基本特許をがんじがらめに押さえているので、実際に組み込む場合には、その特許を使わせてもらう以外にないのである。それは彼らの軍門に下ることを意味する。

そもそも遺伝子組み換え技術は、農民のためのものではない。まっ先に登場した遺伝子組み換え作物が、モンサント社やアグレボ社などによる除草剤耐性や害虫抵抗性を持つ作物であることからわかるように、バイテク企業が農民を支配し、世界の食料・種子支配をするための武器なのである。二〇世紀が農業の化学化時代とするなら、二一世紀は「バイオ」の時代であり、「遺伝子操作」の直接支配によって、第三世界は生活基盤を根底から破壊されるにちがいない。

3　遺伝子組み換えコシヒカリは不要

「21世紀グリーンフロンティア計画」では、短稈《かん》で倒伏しにくく、しかもイモチ病に強い改造コシヒカリを開発しようとしている。近代稲作では、「密播き苗（苗箱一枚に一五〇〜二〇〇g）」を「密植（三・三㎡あたり七〇株以上）」し、しかも化学肥料を多投するため、過繁茂になって病害虫にやられやすく、茎が細いために倒れやすくなる。

それに対し、私は十数年、昔ながらの保温折衷苗代で「薄播き苗」をつくり、「粗植一本植え」の深水栽培を基本にしてコシヒカリを生産している。この方法をとれば、茎が太く風通しがよくなるので、無農薬でも病害虫の大発生に見舞われたことはこれまでない。よく有機栽培では慣行稲作の七〇％ぐらいに減収すると言われるが、品種特性を引き出すことができれば近代稲作の収量に劣ることはない。

化学肥料や農薬を使わないのはもちろんのこと、不耕起のまま田植えをするなどして大型機械にあまり頼らず、経費をできるだけかけないようにしたいと考えている。自給の米つくりなので面積は四〇aそこそこにすぎないが、手植え、手刈りとバインダー（稲を刈り取り、束ねる作業を行う機械）を基本とし、天日干しにこだわっている。また、レンゲやコイを活用して、除草のために腰をかがめての手取り除草はしなくてすむようにしている。［後略］

『2001Fora』一九九九年六月号

第Ⅰ部　遺伝子組み換え技術に未来はない

第1章　なぜ遺伝子組み換え技術を拒否するのか！

1　食糧支配をめざすバイテク技術

ゆきづまった大規模農業

アメリカは「世界のパン籠」といわれる農業の超大国である。七〇年代に農業のビッグバンに着手して企業の参入を認め、広大で肥沃な農地をフル活用しながら、農業の工業化路線をひた走ってきた。地下水を汲み上げ、スプリンクラーによる撒水システムで自然循環を超える量の水を浪費し、大規模機械と化学肥料と農薬を大量に使って、反収増を可能にしたのである。

その結果として生じた穀物過剰に対しては、補助金を出して輸出振興策を講じた。こうして小麦やトウモロコシや大豆の輸出大国になり、世界の食糧支配体制を確立してきた。九〇年代に入ると、世界的な畜産物摂取量の増大につれて穀物が不足気味になり、減反を完全に解除しても生産が追いつかなくなっている。

しかし、大規模な投機的農業が生きのびるかたわら、家族農家は借金を背負い、容赦なく切り捨てられていった。また、大規模農業も、当初こそ化学肥料の投入量を増やすことによって増収したが、やがて単位面積あたりの収量は頭打ちになる。そのうえ、地下水位が下がって塩類が集積し、表土が流亡して砂漠化が進行した。

バイテク企業とアメリカ政府のねらい

そこで環境保全型農業が推奨され、不耕起栽培による表土の流亡化を回避する道が模索されていく。そこに目をつけたのがアグリビジネスのモンサント社である。耕さない畑に作物を播けば、普通は雑草に負けてしまう。だから、除草剤を使うことになる。そのとき、すべての植物を枯らすような(非選択性の)除草剤を撒いても枯れない(つまり耐性をもつ)品種をつくり出せば、除草労働が軽減される。こうして、自社の除草剤「ラウンドアップ」に耐性をもつ大豆の品種「ラウンドアップ・レディ」を遺伝子組み換え技術によってつくりあげたのである。

二〇〇ha以上の経営面積に膨れあがった超近代化農業を推進する農業者の間には、省力的な技術に安易に飛びつく土壌ができていた。モンサント社は種苗会社を傘下に収め、ラウンドアップ・レディの作付面積を増やし、種子と除草剤の売上げを大幅に伸ばしつつある。二〇世紀が化学肥料・農薬の大量投入と機械化技術のドッキングによる農業の工業化時代だとするなら、二一世紀はそこにバイテク企業が参入して遺伝子組み換え技術を駆使した新しい種苗によって世界の食糧支配をめざす時代となるのだろうか。

アメリカ政府は、遺伝子組み換え作物にも特許権を認め、企業の権利を擁護しつつ穀物(トウモロコシ、小麦、大豆)を大量生産し、自由貿易によって世界の食糧を制覇することをねらっている。そして、その足かせとなる貿易障壁を除くために、WTO（世界貿易機関）体制を推進してきた。しかも、消費者の選ぶ権利を無視し、遺伝子組み換え作物の「表示の義務付け」を拒んできた。日本政府もアメリカ政府に追随し、国民の強い表示要求に応えようとしてこなかった。だが、九八年六月に開催されたWTOのオタワ会議では、政府代表が「国民の強い表示要求があり、苦慮している」と、アメリカと距離をおく発言をしたという。そして、EUが表示の実施に踏み切ったことを確認した後の一〇月に農水省は「表示を義務付けるか否か」を国民に問い、ようやく表示への一歩を踏み出そうとしている。

いずれにせよ、世界の農業と食糧のゆきづまりは、化学肥料と農薬に依存した近代化農業政策の結果である。その科学信仰を抜本的に問い直すことこそ打開策だ。しかし、遺伝子組み換え技術は矛盾をさらに拡大し、二一世紀の農業と食糧の破局をいっそう深刻にする道である。

2　除草剤耐性作物と殺虫性作物

農水省によれば、遺伝子組み換え技術は次のようなバラ色のものである。

「遺伝子組み換え技術とは、ある生物から取り出した有用遺伝子だけを種の壁を超えて他の生物に導入できるため、農作物等の改良の範囲を大幅に拡大できる、従来と異なり、交配を重ねる必要がないため短期間で、目的とする性質のみを付与できる、といった長所がある。このため、二一世紀半ばの人口一〇〇億人時代の食糧問題、地球環境問題を解決するためのキーテクノロジーとしても期待されている」（『組み換え農作物早わかりQ＆A』）

今日〔一九九八年一一月〕までに厚生省〔当時〕は、二〇品目を安全性評価指針に適合していると認めている。そのうち一九品目は、アグリビジネスのモンサント社やアグレボ社などが開発した除草剤耐性作物（大豆、菜種、綿、トウモロコシ）と殺虫性作物（ジャガイモ、トウモロコシ、綿）だ。前者は、自社の除草剤にのみ枯れない（耐性がある）土壌微生物から取り出した遺伝子を組み込んだ作物であり、種子と除草剤をセットに売り込んでいる。後者は、殺虫成分をもつBT細菌の毒素遺伝子を作物に組み込んでおり、いわば植物自身が農薬を生産できるように改造したものといってよい。

このほか、麒麟麦酒がアメリカのカルジーン社と提携して申請した「日持ち性向上トマト」があるが、消費者の反発で商品化の目途はたっていない。このように遺伝子組み換え技術の主役はアグリビジネスによる除草剤耐性作物と殺虫性作物である。これらが農水省のいうような食糧・環境問題を解決する技術であるとは、とうてい思えない。

3　遺伝子組み換え技術の問題点

伝統的育種の延長ではない

伝統的な育種技術では、自然の摂理にのっとった近縁種の間でだけ交配が行われてきた。しかし、遺伝子組み換え技術では、種の壁を越えてしまう。たとえば、ホタルの発光遺伝子をタバコの種子に組み込んだ光るタバコが物語るように、昆虫の遺伝子を植物に組み込むことも可能になったのである。

確かに、微生物から人間までDNAの基本構造は同一である。とはいえ、歴史的に形成されてきた自然界の種という秩序を、企業の欲望を満たすために勝手にごちゃ混ぜにすることは、許されるべきではない。

また、「種子を制する者が食糧を支配する」といわれてきたが、伝統的育種では農家が主人公であった。ところが、たとえば除草剤耐性作物ではアグリビジネスが種子と農薬をセット販売し、農家は食いものにされる存在になりさがってしまう。

永続性のない技術

人類が生存していくためには、永続的な農業技術が基本でなければいけない。しかし、近代農業は堆肥など有機物の投入を軽視し、目先の収量を上げるために化学肥料を多投して病気や害虫を大発生させ、大量の農薬によって対応してきた。その結果、耐性菌や耐性害虫によって農薬の使用量をますます増やさざるを得なくなっている。遺伝子組み換え技術では、環境に特定の除草剤と殺虫毒素がばらまかれるのだから、耐性雑草や抵抗性害虫がますます増えることは避けられない。

すでにアメリカでは、除草剤耐性をもつトウモロコシを栽培した翌年、同じ畑に除草剤耐性の大豆を播くと、大豆畑に前年のトウモロコシの種子が残っているため、トウモロコシが雑草として生えてきてしまう。また、開放系である環境に放たれた除草剤耐性遺伝子が野生の近縁種に移行し、除草剤をかけても枯れにくい雑草が増えていくだろう。そうなれば、除草剤の使用量は増えるし、他の除草剤耐性遺伝子を組み込まざるを得なくなる。当面は除草剤の使用量を減らせても、最終的にはその技術は破綻するにちがいない。

しかも、大豆のように自家受粉を基本とする作物は、農家が企業に特許料を払わずに自家採取できる。したがって、企業がコントロールできない不正規の遺伝子組み換え作物が地下でどんどん増えていくだろう。

安全ではない

高度な技術には、予期せぬ大事故がつきものである。実際、昭和電工のトリプトファン事件は、微量な不純物により思わぬ毒素が生成して起こったものである。開放系では、その危険はさらに大きくなる。アメリカの遺伝子工学の第一人者ジョン・フェイガン氏は次のような趣旨を述べて、警鐘を鳴らしている。

「遺伝子組み換え技術は予想外の有害な副作用がある点で危険な技術であり、遺伝子汚染のリスクは原発よりも大きいといってよい。つまり、新しい遺伝子が自然界の遺伝子グループに入ってしまうと、それを取り出すのは不可能になる。しかも、汚染遺伝子は世代から世代へ、種から種へ伝わり、どんどん複雑になっていく。一度何かが起こったら元には戻らない」（自然法則フォーラム監訳『遺伝子汚染』さんが出版、一九九七年）

厚生省の安全性評価指針のガイドラインは、ＯＥＣＤ（経済協力開発機構）で決めた「遺伝子組み換え作物が従来の作物と実質的同等であれば、法的規制は必要ない」という原則を踏襲したものである。つまり、組み換え前の作物と組み換え後の作物は、導入した遺伝子が違うだけで、それ以外の性質はまったく変化していないから、導入した遺伝子による生産物の安全性のみを評価すればよいというわけだ。しかし、導入遺伝子が遺伝子配列の所定の位置に組み込めるかどうかは疑問だし、まだ働きのわかっていない遺伝子もたくさんある。したがって、「実質的に同等」とは認められない。

また、その仮定を認めたとしても、組み込んだ遺伝子についての亜急性毒性や慢性毒性のデータも検討するのが当然だろう。にもかかわらず、開発企業には急性毒性の実験データを提出させているにすぎない。新しいアレルゲンの危険性も、問題にされていない。

それゆえ、直接食べる人間が実験台にされるわけだ。大豆を例にとれば、アメリカ人は納豆・豆腐・味噌・醤油を食べる量が日本人よりも圧倒的に少ないのだから、日本人が世界最初の人体実験にさらされていることになる。しかも、表示もされない遺伝子組み換え大豆を押しつけられる日本の消費者は、「裸の王様」同然である。

ターミネーター・テクノロジーのねらい

九八年三月、アメリカ農務省とデルタ&パイランド社が開発した「植物遺伝子の発現抑制」に関する特許が認められた(日本にも出願されている)。この技術は種子の遺伝子の働きを終結させるようにしたものなので、アメリカの環境保護団体が「ターミネーター・テクノロジー(致死的技術)」と命名した。

この技術のメカニズムは複雑である。まず、毒性タンパク遺伝子を種子に組み込んだうえで、その

第1章 なぜ遺伝子組み換え技術を拒否するのか！

毒素が働かないように遮断遺伝子も組み込まれている。そして、農家に売る種子は、その種子が発芽するとき時限爆弾のように遮断遺伝子がはずれてしまう。そのため、毒性タンパク遺伝子が働いて、枯れてしまうのである。一方、企業が採種圃場で収穫した種子を播けば、次世代以降も種子を採取できる。その開発目的は、アグリビジネスが特許によって種子を独占し、農家が自家採取できないようにするものである。

この技術については、遺伝子組み換え作物を拡散しにくくするので、むしろ望ましいという意見もある。たとえば、モンサント社はラウンドアップ・レディ大豆の栽培農家に対して厳しい契約書にサインさせ、横流れに厳しい規制を設けているが、合法的に潜り抜けることはむずかしくない。たとえば、市販大豆を播き、発芽してから除草剤ラウンドアップを撒けば、組み換えされていない一般大豆は枯れ、ラウンドアップ・レディ大豆だけが残る。こうして地下で広がっていく可能性があるが、その逃げ道を阻止するのがターミネーター・テクノロジーというわけだ。

だが、このテクノロジーが威力を発揮できるのは、企業が優れた種子を開発し、独占的シェアーを獲得できる基盤をもつときだけである。それを私たちは許せるだろうか？

カルチャーとは、種子を播き、耕し、栽培する営みをいう。種子は人類が歴史的に継承し、農民が主人公になって、栽培技術とあわせて改良してきた。共有財産である。農民は、気候や土壌の性質をみながら作物と種子を主体的に選定し、栽培してきた。だから、仮に期待どおりの収穫がなくても、「来年こそは」の思いをバネに情熱をもてるのである。

ところが、バイテク企業は特許によってこの共有財産を私物化し、農民を隷属させようとしてきた。ターミネーター・テクノロジーは、その総仕上げである。

二一世紀に迫る食糧危機を解決できない

二一世紀には、アジアとアフリカで人口が大きく増加するとみられている。したがって、そこで起きる可能性がある飢餓を解決できるキーテクノロジーであるか否かが問われなければならない。

顧みるに、六〇年代にはアメリカが先頭に立って「欠乏を克服し、自然を征服する」ために、途上国に「緑の革命」を押し売りした。そして、米・小麦の多収性品種と化学肥料・農薬によって、物質的豊かさと繁栄をつくり出そうとした。だが、ヴァンダナ・シヴァ氏は、緑の革命がインドのもっとも豊かだったパンジャブ州にもたらした影響を、次のように冷静に分析している。

「二〇年間に及ぶ緑の革命は、パンジャブを暴力と生態的な破壊による欠乏によって荒廃させた。豊かさどころか、パンジャブには疲弊した土壌、病害虫に蝕まれた作物、湛水した砂漠、借金を背負い絶望した農民が残された」(『緑の革命とその暴力』浜谷喜美子訳、日本経済評論社、一九九七年)

「混作」から「専作」となり、しかも堆肥を入れずに化学肥料・農薬に頼る農法は、アジアモンスーンの厳しい自然条件のなかで破綻した。土壌は疲弊し、病気や害虫の被害を増幅させたのである。

そして、今度はバイオ革命の導入である。だが、アジアモンスーンの熱帯は野生種の宝庫である。そこから多くの作物が育種されてきた歴史が示すように、近縁種が多い。それゆえ、組み換え遺伝子が野生種に入っていく危険性は大きく、永続性は期待できない。しかも、国際バイテク企業が種子と農法を握り、そのマニュアルを農民に押しつける。それは農の本質である創造の喜びを農民から奪うものである。遺伝子組み換え技術は途上国の自給的農業を破壊し、農民を借金地獄に追い込み、飢餓の明日を招くと言わざるを得ない。

遺伝子組み換え技術を拒否し、食料自給を！

日本の食料自給率がいわゆる先進国のなかで最低である理由は、米に次ぐ基本食料の小麦・大豆と飼料原料のトウモロコシの自給を放棄する政策をとってきた結果である。目先の収量と効率を高めるバイオ技術にうつつをぬかしている場合ではない。

いまこそ、遺伝子組み換え作物の押しつけに「ノー」と宣言し、永続性のある有機農業によって日本の風土に根ざした農業と食生活を取り戻して、食料の自給率を高めていこう。それこそが国際バイテク企業の攻勢を跳ね返し、途上国の人びとの自給運動と連帯し、食糧危機を回避できる道である。

日本有機農業研究会編『有機農業ハンドブック』農山漁村文化協会、一九九九年

第2章 遺伝子組み換え飼料の問題点

1 有機畜産と近代畜産（動物工場）

皆さんのお手元にレジュメを用意し、遺伝子組み換え飼料の問題点を整理させていただきました。最初に、いまの畜産・養鶏がどの方向に向かっているのかを簡単に話させていただきます。養鶏を例にとりますと、近代養鶏は「ウインドレス鶏舎」「無窓鶏舎」といいまして、完全に換気され、温度も灯も調節されているようなところで、「カゴの鶏《とり》」が飼われています。かつては、一経営体で一万羽というと大規模養鶏といわれたのですが、いまは一〇万羽でも大規模といえないようなものになっています。したがいまして、いまの近代養鶏は、われわれが想像するようなものではありません。

そういう養鶏と対極にあるのが、「有機畜産」といわれている有機の養鶏です。平たくいうと、単に卵を生産するのではなく、卵を採ると同時に鶏糞を生産し、有機農業の肥料にまわす。つまり、循環農業のようなものが近代畜産の対極にある有機畜産です。

ＪＡＳ法が改正され、今年［二〇〇〇年］の六月から「有機農産物」の基準が施行されます。有機畜産については、ただちに基準ができるわけではありませんが、すでにその検討が始まっています。

ヨーロッパやアメリカでは、有機農産物のエサで飼わないと有機農産物といえない、という基準があります。農水省は、種苗については有機のものと規定していますが、エサのことまではふれていません。いや、ふれないようにしています。しかし、国際規格ができますので、早晩、必ずそのような方向で動きます。

決定的に違うのは、ウインドレス鶏舎で飼われるようなニワトリ——養豚でも同じことですが——か、粗飼料［青草や干草など］を食わせるか食わせないか、です。「完全配合飼料」といわれますが、それは粗飼料とは全然違います。自然卵養鶏などの鶏舎は、臭くありません。しかし、ウインドレス鶏舎はどこも、外観はきれいに見えても、鶏糞は臭いし、それを肥料としてそのまま畑に入れると、いろいろ問題を起こすようなものです。したがいまして、「有機農産物」という表示がほしいのなら、そういう有機畜産を避けては通れないということを、まずはっきりさせねばならないのです。

同じように、欧米の基準では、「遺伝子組み換え飼料」を使うと一切、有機とはなりません。これから有機農業をやるのなら、いかにして遺伝子組み換えの飼料を使わないか、というのが、原則になります。

〈レジュメより〉

食品向けには、非組み換え大豆やトウモロコシに切り換えさせることができた。が、食用油を搾った残りの大豆カスやナタネ油カスは、飼料や有機肥料にまわされている。農水省は、飼料用の穀物を一切規制していない。もしそれを容認すれば、日本に輸入される組み換え作物の約九割を免罪してしまうことになる。

有機畜産とは、家畜の本来の生理を尊重し、家畜の免疫力を強化し、抗生物質などに頼らずに病気を克服する営みである。そのような飼い方をすると、家畜の腸内は善玉菌叢で守られ、病原菌を抑制できる。

自然卵養鶏では、ニワトリは平飼いによって自由に運動でき、緑餌などを存分についばませている。ニワトリは免疫力を獲得し、腸内は善玉菌叢で占められ、鶏舎は悪臭を発しない。その発酵鶏糞は土を蘇生させ、健康な有機農産物につながる。

それに反して近代畜産では、高栄養の配合飼料をたくさん食べさせ、暗室で超過密飼いにするから、新しい病気が次々に蔓延し、抗生物質などの投与が不可欠になる。つまり、ニワトリの腸内は腐敗菌で占められるので、鶏舎は特有の悪臭を放つ。動物工場化は、悪循環によって薬漬けをますますひどくさせる。そのような鶏糞では、豊かな土をつくることはできないし、健康な作物を育てることもできない。

遺伝子組み換え技術は近代畜産の矛盾をますます深刻化させ、家畜の健康を奪い、破局を早める。

2 遺伝子組み換えエサは家畜の健康を奪う

私はレジュメで、「遺伝子組み換えエサは家畜の健康を奪う」と勝手に断定しています。大腸菌の中にファージを組み込んだようなもの、たとえばM13という小型のウイルスを組み込んだものをマウスに食べさせると、どのようなことが起きるか。マウスの血液の中にも、内臓の中にも、この遺伝子が残ってしまうのです。

たとえば卵を考えたときに、間接的な摂取だから影響ないんだということを、エサ会社の人はいまでも言います。農水省も、それに近いことを言っています。しかしながら、エサが食べ物に残っているということは、その遺伝子はそのまま畜産物に残留するということです。いまの段階では証明されていませんが、近い将来において、遺伝子がそうなる状況が出てきますので、いまからこのことをちゃんと考えておかねばならないと思っています。

これは、プシュタイ先生〔イギリスの研究者。ラットに遺伝子組み換えジャガイモを食べさせたところ免疫力の低下や内臓の発達障害が起きたと報告し、大きな反響をよんだ〕の話にもあるのですが、いろいろ病気をもたらすようなウイルスを遺伝子組み換えの作物に使っているわけです。大腸菌に組み込まれたウイルスだけではなく、病気を起こすようなものが他の生物に移るということも、これから起こってくることを示していると、理解してよいと思います。これは基本的に問題だと、私は理解しています。

エサのDNAが畜産物に残留

〈レジュメより〉

ドイツのW.Doerflerらは、大腸菌のM13という小型のウイルス遺伝子をマウスに経口摂取させたところ、その一部がマウスの腸内から腸管表皮を通って血液中に入り、白血球や脾臓、肝臓などの遺伝子DNAに入り込んだ事実を、詳細な実験によってつきとめた(九八年)。

最後の講演で笑顔をまじえながら熱弁をふるう
(2000年1月30日)

遺伝子組み換えではプロモーターとして、カリフラワーモザイクウイルス35Sがよく使われる。動物に組み換え飼料を食べさせても、そのDNAは胃で完全に分解されるので、腸から吸収されることはないとされてきた。その前提が崩れたのだから、エサのDNAの一部が畜産動物の肉や卵に残留している可能性が出てきたことになる。そもそも、そのような畜産は国際的には有機畜産と認められていない。遺伝子組み換え飼料の化け物である畜産物は安全であるわけがないし、私は食べたくない。

当然こういうことが起こるということは、複数の耐性菌ができて、ほとんど抗生物質が効かないMRSAからも、わかります。それは何から起こってきたか。これは、遺伝子組み換えよりもっと前の段階の、要するに家畜に与えた抗生物質に対して耐性菌ができたことから起きています。これはかなり早くから問題になっており、イギリスでスワン・レポートと呼ばれるものが七〇年代初めに出されて、社会問題になりました。ところが、それに対していっこうにきちんと問われることなく、ますますひどい薬漬けになってきたのです。

その結果が、いまいろいろな問題を起こしている。その問題は、第二世代の抗生物質といわれるものに起きたのですけれども、いまは第三世代のバンコマイシン——これこそは切り札だ、〔ＭＲＳＡに効く〕といわれる抗生物質ですが——にも耐性菌が出てきています。

耐性菌がどこから出たのか、いろいろ疑われています。ニワトリにバンコマイシンによく似た抗生剤が使われていたからではないかというのが、有力な見方です。したがって、病気になるから抗生物質を使うというのではなくて、病気にならないような環境で生き物をどう飼うか、という根本的なところを問わないと、この問題の悪循環は解消されません。

家畜の腸内細菌叢への多剤耐性菌激増の危険性

〈レジュメより〉

遺伝子組み換えＤＮＡは本来の正常な作物の遺伝子配列を故意に乱すので、自然の復元力によって挿入された遺伝子は「水平伝達」し、環境に放出される危険性がある。

「マーカー」〔目印〕として抗生物質〔カナマイシンなど〕耐性遺伝子が使われている場合が多いが、その遺伝子ＤＮＡが家畜の腸内微生物の遺伝子を組み換える可能性は大きい。そのために、抗生物質への多剤耐性菌がますます激増することが心配される。家畜の腸内細菌叢の善玉細菌叢〔乳酸菌・納豆菌・酵母菌〕を減らし、悪玉細菌叢〔腐敗菌、病原菌・バンコマイシン耐性のＶＥ腸球菌・多剤耐性菌のＭＲＳＡなど〕を激増させることが懸念される。

そう考えますと、種の壁を越えて遺伝子が組み換えられるのですが、微生物には微生物同士の交叉耐性といい、簡単に微生物から微生物へ耐性を移すような特性があり、その世界では常識になっています。たとえば、ブロイラーの鶏舎にある鶏糞は、あんなに薬を使っていても、無菌ではない。それどころか、耐性菌で汚染されている鶏糞がほとんどです。薬を使っても耐性菌がうじゃうじゃいて汚染されているということです。そういう畜産から、いかにわれわれは自由であるかを考えなければならない時期にきています。

同じことが、これはいまさら説明するまでもないんですけど、いまの品種改良のなかで行われています。たとえば、サシのいっぱい入った牛をクローンでつくろうとする。クローンは、遺伝子組み換えの理論が基礎になっています。理想的な牛をまず一頭つくって、それをクローンで増やそうという技術だからです。

牛は草食動物ですが、どれくらいオッパイがしぼれるかというと、だいたい年間四〇〇〇㎘といわれています。ところが、現在の日本の平均搾乳量は、年間八〇〇〇㎘くらいになっています。そして、いま注目されているのは、二万㎘くらい出すスーパー牛といわれるものです。それをさらに三万㎘出させようという研究が、クローンの研究と関係があります。

これは食糧危機への対応だという、彼らの言い分があります。しかし、牛の胃は反芻胃といわれて四つありますけれども、全体としてみれば反芻胃が一つしかない。これは、食べた草を微生物に〔分解〕する器官です。ところが、草をやらないで、濃厚な穀物、濃厚飼料だけにすると、何が起こるか。牛の生理が狂いますから、草を微生物にするような微生物が棲めない胃にしてしまう。それが、いまの牛のほとんどの病気の原因です。効率を上げるということは、本来の牛の生理を無視しているのです。

いま、狂牛病が騒がれています。もう忘れている人も多いと思いますが、牛にヒツジの肉を食べさせたら、牛がヒツジの病気になった。種の壁を越えないといわれていた病気が、牛に移ってしまった。しかも、種の壁を超えて、病気の牛肉を食べた人間にも移ってしまったということで、大騒ぎになったわけですね。もとは何かというと、草食動物であることの原理を忘れて、肉（動物タンパク）を食べさせたことから、問題が起こっている。生き物の基本原理を忘れて、効率だけを求めると、こういうはめになるということが、狂牛病が突きつけている問題です。

遺伝子操作は家畜の健康を奪う
〈レジュメより〉

草食動物の牛にヒツジの肉を食べさせたら、イギリスで狂牛病が発生した。種の壁を越え、ヒツジの風土病（スクレーピー）が牛の狂牛病を多発させ、その肉を食べたヒトに新型ヤコブ病をもたらした。その病原体は細菌やウイルスではなく、プリオンというタンパク質であった。

Ｏ１５７は、生産効率を上げるために牛を濃厚飼料と抗菌剤、それにホルモン剤で攻めたときに、大腸菌が突然変異し、ベロ毒素を出すウイルスを組み込み、怖い大腸菌に変身したものである。

生き物に工業化の論理を適用すると、家畜は虚弱化し、新しい病原体がはびこり、悪質化することは、畜産の歴史が示している。草だけで飼うと乳量は四〇〇〇㎘が限度なのを、クローン牛の研究では三万kℓも出すスーパー牛で食糧危機に備えるなどという、狂い咲きの発想にもとづいている。それは牛を牛でなくする道であり、消化器がボロボロで寿命は短い不健康な生き物をつくる道である。トウモロコシにはBT菌の殺虫毒素が組み込まれている。トウモロコシ畑が農薬工場に化け、その毒素が土壌に長期間残留し、死の土に変えようとしているのである。

さらに遺伝子組み換えをするという思い上がりから、何が起こってくるかというと、説明するまでもないと思います。もしうまい牛ができたとしても、牛は食べたエサ以上のものをエサにすることができない生き物なんです。牛の生理はそういうものです。ですから、三万kℓをしぼれるということは、宇宙食のようなエサをやったときに初めてできるしわざなのです。粗飼料というのはタンパク質の少ないものをいい、濃厚飼料というのは多いものをいいますが、濃厚飼料で飼ったらろくなことにならない。

その行き着く先はどこかを冷静に考えると、いろいろなことが起こってから「さあ、どうしよう」ではなくて、起こる前にいまわれわれが起ち上がらないと、大変なことになる。学者だとかいろんな人は、起こったときは問題だという。進歩というのは常に後づけ、後づけですよね。いま、われわれがやらなければいけないことは、そういう事態が起こらないように、いかに、予防原則で、われわれの明日のために、こういう流れをくい止めるかだと思います。

3　自給飼料による本来の有機畜産を〈レジュメより〉

日本の畜産はアメリカからの遺伝子組み換え穀物の加工畜産への道をひた走ってきたが、二一世紀に破局を迎える道を転換することは不可能ではない。

日本の消費者が遺伝子組み換えの畜産物に「ノー」と宣言できれば、エサ会社と穀物商社も、非遺伝子組み換え穀物を輸入せざるを得なくなる。それは、アメリカの遺伝子組み換えの流れをストップさせることにつながる。商社情報によれば、「来年〔二〇〇一年〕のアメリカの〔遺伝子組み換え〕トウモロコシの作付けは二五％減」と予想されている。さらに一歩進めて、アメリカに「ノー」と宣言し、二一世紀にふさわしい山地酪農や未利用資源を活かす有機畜産をめざしたい。

遺伝子組み換え作物いらない！大豆畑トラスト交流集会講演、二〇〇〇年一月三〇日

第3章　生活者の科学技術論

1　専門家の限界性

今日のテクノロジー社会の推進者は、スーパーバイザーを頂点とする科学技術者群である。彼らは細分化した個別技術開発のレールを突っ走ることを運命づけられていると言えよう。

ジャンボ・ジェットやチェルノブイリの事故は、幾重もの安全装置がイザというとき作動しなかった証明である。一般大衆には巨大技術の安全神話は通じなくても、当の技術者はそのように感じていない。人為的ミスのせいにして、さらなる安全装置を付加することで糊塗《こと》しようと突っ走る。しかし、事故は絶えない。これからも……。現代を象徴する巨大技術は、大事故で人びとに不安を与えながら、資源を浪費し、人類の生存基盤を破壊し続けざるを得ない。

その流れがドロ船に乗っているとは知りつつも、専門家にはその向きを変える力はない。さりとて、その船から降りることは自殺行為であることを知っている。今日の工業化社会は企業間の競争が激しく、「優勝劣敗」の原理があるので、その技術の未来に悪夢が予感されても、いったん走り出したら手を引くわけにはいかない。まず当面の競争に勝つことが先決なのだから。しかも技術者は、未知なる世界への好奇心が強く、一歩でも早く新技術を開発し、その道の第一人者になることを夢みる。いかに不吉な予感があろうと、パンドラの蓋を開ける衝動を抑制するのは不可能に近い。

ＬＬ〔ロングライフ〕牛乳を例にとっても、その可否を巡って世論が真二つに分かれようと、企業内の技術者は言うに及ばず、専門乳学者の間から、一人としてＵＨＴ〔超高温滅菌〕路線から降りる人は現れなかった。乳業技術の流れ、ＵＨＴ→ＬＬ化に逆らうことは、自殺行為と感じているからではなかろうか。

石油タンパクの開発に際しても、事態は似たようなものであった。石油タンパクを推進する企業の内部から、その技術開発に疑問を提出する発言は聞かれなかった。〔中略〕

2　生活者によるチェック機構

科学技術の発展は人間の生活に大きな影響を与え、ある人びとの生活を根底から破壊することも少なくない。にもかかわらず、新技術が世の中に適用される前に、生活者の立場から検討し、未然に阻止した例は少ない。

宇井純氏はかつて『公害の政治学』（三省堂）で、「公害には第三者は存在せず、国民全体が潜在的当事者であり、加害者か被害者である」とのテーゼを示し、中立性のポーズの学者の仮面を剝《は》ぐ指針を提出した。筆者は、公害に限らず新巨大技術が具現する前に、その可否を生活者の立場から検討するチェック機構が必要だと考える。

一般にその技術の専門家は、新技術の正の側面については、「省力化による生産性の向上」「人類の未来の夢の実現」などバラ色の夢を語るが、その負の側面、自然破壊とか生活者〔農民・消費者〕へのマイナスの影響については口を故意に閉ざす。

実際には、新技術は企業の論理とそれを支える専門家の手で推進されるが、チェック機構は存在していない。しかし、巨大技術の破綻を目のあたりにして、「技術の進歩は善」などという幻想を捨て、その技術が生活者に何をもたらすかを冷静に検討する必要がある。筆者の反ＬＬ牛乳論、ＵＨＴ牛乳論は、まさに生活者の立場からの技術論であり、自然哲学的観点を踏まえた牛乳論であった。［中略］

問題は、そんな狭い土俵〔新しい食品工業の産物〔石油タンパク、ＬＬ牛乳〕に対して動物実験で安全か否か国や企業のデータを「科学的」にチェックするだけ〕にあるのではない。その核心は、新技術の社会的機能を真向から問うことである。

新技術はそもそも、①永続性のある自然循環の食で私たちの生存基盤を築く道か、それとも破壊する道か、②飢えを構造的に救う道か、それとも飢えを造り出すか、農漁民の生活に何をもたらすのか、③本当の食べものか、それともニセモノか、また栄養・安全面で問題がないか、などを総合的に検討し、評価することである。すなわち、生活者の立場からのテクノロジーアセスメントの見地が重要なのだ。［中略］

今日問われているのは、科学技術信仰のレールから降り、よりトータルな視点から、社会経済に何をもたらすかを問い直してみることである。しかし、近代科学技術者の専門家群は、狭い道をよく登ることを運命づけられており、その道では深く進んでも、その視野は狭いのが普通である。その狭い局部的知は、いかに持ち寄っても決してトータルな視野は拓けず、積み木細工の寄せ集めにしかならない。

その専門家に比べて、生活者はよりトータルな視野をもっている。とりわけ、今日の食の荒廃を肌身に感じ、食卓に責任をもつ主婦はその道のプロであり、現体制の支配構造によって直接的に束縛されていないので、より根源的に発想できる。そのような生活者の声に謙虚に耳を傾けることが今日ほど必要な時代は、ないのではなかろうか。

考えてみると、国による食品の安全性のチェック体制でも、専門家の審議会の決定に委ねる形をとる。LL牛乳や石油タンパクの例でも、国は食品衛生調査会の判断を仰いだ形で安全性の確認をとるが、消費者の声に耳を傾ける姿勢はない。その理由は、食品の安全性は権威ある専門家だけが保証できるが、シロウトにはその資格がないとの考え方に基づく。

巷間には次々に新工業食品や輸入食品が氾濫しており、消費者の間には不安の声は大きいが、国の立場からは安全性で問題はないタテマエになっている。にもかかわらず、ガンが年々若年化し、増える傾向があり、心臓病も増えていることは疑えまい。人びとは健康に不安をもち、その原因のひとつは食品の安全性に問題があると疑っている。かくして有機農産物や自然食品のブームは湧き起こった。

厚生省がいかに安全と宣言しようが、ブロイラー、養殖ハマチ、輸入バナナなどには不気味な不安を禁じえない。私がバナナに不安を抱いた動機を述べておこう。

沖縄を訪れ、まだ青味の残っているバナナを枝からもぎ取り、口にしてみた。まだ硬くて渋みが強く、食べられるものではなかった。しかし、それから二〜三日も経つと、青味は黄色く軟らかくなり、芳香は日増しに強く、「私を食べて」とバナナが合図をしてくれているように感じた。つまり渋みは自然に甘味に変わり、野生酵母や乳酸菌が集まり、自然発酵して熟れ、独特の芳香を放つのだ。

しかるに、スーパーから買ってきたバナナは、机の上で一〇日経っても青味は抜けず、そのうちに不気味にも紫色に変色し出し、発酵することなく腐敗していった。

沖縄バナナとフィリピンバナナの差は、歴然としていた。後者には流通過程でどんな殺菌剤を使ったのだろうと、厚生省に問い合わせてみた。すると、その答えは「バナナには、食品衛生法に基づく残留農薬基準がきめられていないので……」と、とりとめのないものであった。

つまり、我が国で残留農薬の基準のできている農作物はわずか五六品だけ〔当時〕。その栽培で使用が許されている二六種類の農薬〔当時〕について残留基準がきめられているだけ。その作物は国内産を前提とするもので、輸入を前提のバナナはその中に含まれていないのは当然のこと。したがって、フィリピンでどんな農薬が使われていようと、それをチェックする体制にはないのだ。

フィリピンのバナナプランテーションの労働者は、次のように訴えていた。

「日本の企業は、自国で毒性が強く許可されていない農薬をフィリピンに輸出し、フィリピン労働者の健康を破壊している。住友化学に農薬を輸出しないように働きかけてほしい」

かくの如く、輸入のバナナは、名実ともに怖いと思う。それでは、他の輸入食品は心配ないのだろうか。日本に輸入されている食品は年々増え続けている。が、八六年の輸入食糧で残留農薬の検査で不合格の品目は一件もなかった。この実体をどのようにみるかである。

私は、輸入食糧の残留農薬はノーチェックであるためと判断する。輸入食糧や飼料について害虫の防除対策は一応打たれているのは認めるが、残留農薬の検査は事実上やられていないからである。

日本ではBHCやDDT、ディルドリンは一〇年以上前に〔BHCとDDTは七一年、ディルドリンは七三年〕使用禁止の措置がとられた。にもかかわらず、日本人は食事から一〇年前とあまり変わらない量の毒物を摂取している。その要因は、環境汚染の残留分が一部含まれているが、今日でもその使用が許可されている国々が存在し、その国からの輸入食糧からの摂取も少なくない〔からである〕。結局、自由貿易体制とは、世界中から購入する輸入食糧を通じて日本人は毒物を摂取していることになるのだ。

この恐るべき現実に対し、専門学者は何をなし得たであろうか。食品衛生調査会の委員は、諮問された問題は検討しようとも、輸入食品への事実上の歯止めの役割は果たしていない。

輸入食糧の全面的解禁を目前にして、その厳重なチェック体制を確立することは急務であろう。そのためには、安全性を求める主婦のエネルギーの爆発、大衆のエネルギーを総結集して世論を喚起し、国を動かす以外にはなさそうだ。

3　イヤなものはイヤ論は非科学的か？

〔前略〕民衆の「イヤなものはイヤ！」という表現は一見、非科学的響きをもつが、知によって容易に洗脳されない確かさをもつ。その鋭い感性は、人類の自然と社会への適応過程で磨かれ、獲得され、継承されてきたもので、歴史の地平線を見据える先見性を秘めている。

石油タンパクやLL牛乳に対する女性の発想は、①食べものは土からの天の恵みである、②食べものは健康な動植物に由来する、③化学物（PCB、農薬、水銀……）などの毒性物質を含まない、ことを前提とする自然哲学に裏打ちされていることが多い。だからして、安直な「科学」には簡単には洗脳されないのだ。

安全性を求める消費者運動の主人公は、食卓に責任をもつ主婦であり、女性のバイタリティーが源泉である。消費者運動にコミットする際には、専門家は判断材料と情報サービスに徹し、スタッフ的な立場をわきまえる必要がある。

そうは言っても、専門家が運動の中心的担い手を演ずることを全面的に否定しているわけではない。その際には、専門家はその道のプロである前に、自分も一人の生活者であるとの姿勢が前提である。

原題「牛乳のもう一つの科学技術論――高橋晄正氏のUHT牛乳擁護論批判、未発表、一九八七年三月

第Ⅱ部　豊かな自給を生み出す農への転換

第1章　近代稲作と自由化を超えて

1　近代稲作の破綻

V字稲作は普遍的には通用しない

今日の稲作の主流は、稚苗を植えるV字稲作である。早期に茎数を確保するために、本田で元肥の窒素肥料を存分に効かせ、勢いよく分けつさせる。そして、一株の茎が四〇本以上に増えたら、思い切って窒素肥料を切るために、二週間ぐらい中干しする。その後、栄養成長から生殖成長に移り、幼穂が株元に形成されはじめるのを待ち、出穂の約二五日前に窒素肥料などを穂肥《ほごえ》の形で打つ。このように最初に窒素を効かせて分けつをとり、中期に肥料を切り、後半で再び窒素を追肥するので、肥料の効き方からV字稲作といわれている。

この栽培理論は、農水省の研究者であった松島省三氏の栽培実験から導かれた。氏は化学肥料の追肥と収量構成要素の関係を研究し、そのうえで幼穂の育ちと出穂日との関係を詳細に調べ、適期に追肥する方式をあみ出した。だが、それは天候が正常に推移することを前提の議論である。たとえば、冷夏の九三年には、予定よりも出穂は遅れた。特定条件の栽培実験であるにもかかわらず、あたかも普遍的に通用する法則であるかのように一般に受け取られているのである。

稚苗植えが弱い苗をつくる

一般の苗づくりでは、苗箱に一八〇～二〇〇gの種モミをぎっしり播いている。そうすると、一株分（一四㎠）は五～一五粒になる。厚播きがこれほど普及したのは、全国の農業改良普及所が農協と一体となって指導しただけではなく、稚苗機械植えとセットの技術として導入されたためである。おそらく、稚苗の一～二本植えでは田植えしてもあまりにも貧相すぎて、農家には我慢できなかったにちがいない。また、厚播きだと植えるときに根がばらばらになりにくい。さらに、「早期に茎数の確保」という「指針」にマッチすることや田植えのときに欠株が出にくいことも関係があるだろう。

種播きすると、すぐ二五度以上に加温され、二・五～三葉期の独立栄養への移行期まで育てられる。ところが、発芽して一週間もすると葉が重なり合い、光はよく当たらなくなるので、茎は細くて葉は薄く、根の張りも悪くなる。一本一本はモヤシ苗なので、ちょっとしたストレスで病気にかかる。だから、農薬漬けで出発せざるをえない。たとえ病気でやられなくても、それは本来の健康ではない。

このような苗は近代養鶏を連想させる。一般に平飼いの自然卵養鶏では成鶏でも坪（三・三㎡）あたり七～八羽がふつうだが、ブロイラーは効率を高めるために七〇羽もぎゅうぎゅう詰めにされる。外界から隔離された無窓鶏舎は薄暗い。温度や湿度がコントロールされ、配合飼料を食べさせるのに、病気にかかる。逆に、自然卵養鶏では四季の変化に鶏は適応し、緑餌をつつき、殻の硬いおいしい卵を産む。

稲も同様だ。前年の落ち穂などから勝手に出芽した株は健康に育つ。実際、苗箱一枚に二〇g以下の薄播き苗の茎は太く、根の張りもまるで違う。この点に着目し、ポットに一粒播きして環境適応力の強い苗をつくっている薄井勝利〔福島県須賀川市〕は、「苗半作」ではなく「苗九分作」と強調している。

現在では、坪六〇～八〇株、一株四～一二本植えが標準である。これは、手植え時代に比べて五倍以上の密植である。また、植えるときに根元に肥料を注入する側条施肥方式では、初期生育は非常によいものの、甘やかされて育つので根が深く張らない。植えて一カ月もすると一株は四〇本以上の茎数に増え、葉には光がよく当たらない。おまけに風通しも悪いから、病虫害にやられる。そこで、農薬を多投する。

しかも、ササニシキやコシヒカリのような品種は近代稲作では倒れやすいので、株元の茎を伸ばさないために、穂肥とともにセリタードやキタジンPなどの倒伏防止剤を撒くことが多い。このように背丈を縮める農薬を散布せざるをえないこと自体、栽培技術上に無理のある証拠だ。

近代稲作技術固有の問題

①環境適応力の弱い稲

冷夏や日照不足の年もあるのだから、異常気象に負けない環境適応力の強い苗を育てなければいけない。しかし、現実には、根の張りが悪い、茎の細い稲だ。丈夫な生き物を育てようとする認識が初めからないのである。穂肥はうまく効かせれば増収するが、時期と量と天候予測を誤ると倒伏させたり穂イモチ病の大発生を招く。例年、関東地方では穂肥の適期は梅雨明けごろだ。ところが、九三年は梅雨明けせずに冷夏がつづいたために、穂肥が仇で穂イモチ病が爆発的に蔓延した。まさにバクチ農法である所以といえよう。

②地力無視

昔から「稲は地力で取れ」と言われてきた。つまり、堆肥を入れて深耕すると微生物活性が高まり、根の張りはよくなり、多収できる稲に育つというのである。米作日本一になった篤農家たちは、この稲作の基本を忠実に実行してきた。だが、V字稲作は、地力を完全に無視する工業的なつくり方である。

③化学肥料・農薬の多投

化学肥料を多投すると病気を誘発するから、農薬を多投せざるをえなくなる。九三年の梅雨明け、農協は殺菌剤の散布を呼びかけ、それに応えた農家は晴れ間を見て、ひっきりなしに農薬散布していた。それでも、穂イモチ病の多発は防げなかった。「病気には農薬」という安直な対応は通用しなかったのである。それは、近代稲作のもろさを映し出しているものといえよう。

近代化は高コスト稲作への道

農業の世界に工業化を導入すれば、生産性が上がり、コストダウンができ、農家の生活はラクになるというのが、近代化農政の論理のはずだった。実際はどうであったか？

表1　近代化と米の生産費の推移（米60kgあたりの生産費，単位＝円）

年	農薬	肥料費	農機具費	労働費	(労働時間・単価)	地代	水利費	二次生産費	10a収量
1960	146	443	218	1,191	(25.2, 47)	170	72	2,374	448(kg)
70	182	560	1,094	2,819	(14.5, 194)	940	184	6,587	525
80	746	1,161	4,448	6,464	(7.5, 861)	3,375	326	19,391	529
90	848	1,011	4,826	5,791	(4.9, 1,182)	3,429	744	19,706	533
90/60	5.8	2.3	22.1	4.9	(0.2, 25)	20	10.3	8.3	1.2

（出典）「米及び麦類の生産費」農水省統計情報部資料，1992年3月。

今日〔九〇年〕の米の生産費を六〇年と比べると、労働時間は五分の一に短縮され、反収は二割伸びたが、生産費は八倍強に膨れ上がっていた。その内訳を調べてみると、農薬は六倍、肥料費は二倍強、水利費は一〇倍、地代は二〇倍、農機具費はなんと二二倍に跳ね上がっていた（表1）。

結局、近代化稲作は環境への負荷の大きい高コスト稲作への道であった。農作業時間が短縮された分だけ、農家の手取りが減らされる結果を招いたのである。生産費は上がる一方、政府買上げ米価は頭打ちから値下げに転じたので、採算はますます悪くなった。耕地面積が一ha以下の農家は赤字になる米価なので、兼業化を余儀なくされた。これでは、若い後継者が育つわけがない。

また、化学肥料の多投と畜産糞尿のたれ流しで河川の窒素濃度を高め、それが藻類などの繁茂を促したり、有機物による富栄養化の指標であるBOD値を高くした。ヨーロッパのように、土壌中の硝酸態窒素濃度を高めたり、環境への負荷が社会的に大問題にまではなっていない。しかし、琵琶湖や霞ヶ浦などで赤潮やアオコを大発生させる原因になっていることは確かである。

さらに、農薬の多投で土壌微生物も殺され、魚や小動物などが棲めなくなり、「死の水土」に変わってしまった。飲み水の水源にするには、浄化に多額の経費をかけないと不可能なうえ、もはやおいしい水には戻せない。米に残留する微量農薬は化学物質過敏症の原因になるといわれ、安全性にも問題が出てきた。

表2　日本の米生産費の国際比較

	①日本／タイ	②日本／カリフォルニア	③日本／アメリカ
農機具費	22	19	18
肥料費	615	7	7
農薬	13	8	4
労働費	10	46	23
地代	13	17	18
二次生産費	13	9	10

(注) ①②は1984／1985年，③は1992年の比較である。
(出典) ①②辻井博『世界米戦争』家の光協会，1988年。③『我が国の米麦をめぐる国際事情』食糧庁，1993年。

日本稲作はなぜ国際競争力がないのか?

日本の米生産費を、アメリカやタイの生産費と表2で比べてみよう。驚くなかれ、日本の米の生産コストはタイの一三倍、アメリカの一〇倍である。ただし、もしタイム・マシーンを三〇年前に戻せるなら、アメリカの生産費にほぼ匹敵していた。また、一九三〇～四〇年代に輸入されたタイ米との内外価格差はせいぜい二〇%ぐらいであった。すぐ昔へ戻れるわけではないが、日本の近代化農政は生産資材費だけが奇形的に肥大する誤った歩みをしてきたのである。その歪みがいま「バブルが弾ける」ように崩れようとしている。

ここで、日本の米の生産費が諸外国に比べ高い理由を考えてみよう。まず、日本の標準的農家は、耕すためのトラクター、動力田植機、稲刈り用にコンバインを持っている。それも年々大型化、高度化するので、次々に買い換えざるをえない仕組みになっている。ところが、年に二～三日しか使わない機械が多いから、償却費がべらぼうに高くついてしまう。一方、タイでは、小型の耕耘機ぐらいのもので、ほとんどの農作業は人力で行われている。アメリカは規模が大きいので、飛行機による種播き、化学肥料・農薬の散布などが行われているが、生産費は日本よりケタ違いに少ない。

日本人は農家に限らず、薬が好きな傾向がある。それにしても、アメリカと反収はあまり違わないのに、肥料・農薬費が七～八倍というのは、明らかに使いすぎであることを示している。環境汚染につながる問題なのだから、極力減らす思い切った見直しをすすめるべきである。また、日本の稲作は伝統的に狭い面積で多収をめざしてきた。近代化・機械化されても、その思想が「盆栽型」技術の形で残っている。労働費については、もっと粗放的で省力的な技術が追求されてしかるべきだ。

しかし、地代に関しては地価がアメリカやタイに比べケタ違いに高いことの反映である。したがって自由化された場合、大規模農業にしても互角に競争するのはむずかしい。

2 「部分開放」は事実上の「関税化」の受入れ

関税化をめぐる論争

ガットの土俵は、「自由貿易」は善であると割り切り、すべてのものを一元的に流通させようとしている。米についてのドンケル案（即時関税化）は、最低輸入義務量（ミニマム・アクセス）のほか、国際相場との内外価格差が八倍であれば当初七〇〇％の高関税が認められる。したがって、関税化を受け入れたとしても、ただちに海外から安い米が大量に入ってくるわけではない。だが、年々関税は下げられ、最終的には完全自由化されることになる。

米を完全自給していくためには、自由化を全面的に拒否するのがベストの選択であった。もし全面的に拒否できない場合でも、「関税化」だけは受け入れるべきではないというのが、一般的な考え方であろう。その意味で、日本政府が受入れを表明した「六年間は関税化を猶予される」ドゥニ案は、ドンケル案よりも日本にとっては有利に思えた。

ところが、橋本明子〔提携米アクションネットワーク世話人〕は、ドゥニ案は欺瞞的な「猶予」であり、ドンケル案をすんなり受け入れるよりもむしろ不利である、と述べている。確かに日本が受け入れたのは「関税化の特例措置」で、「最低輸入義務量を一定率引き上げることを条件に、六年間関税化を免除」されるだけなのである。だから、輸入量がもっとも多くなる二〇〇〇年に高関税を越えて輸入される分が三〇万トン以下なら、「関税化」を受け入れたほうが輸入量はむしろ少なくなる。

それでは、ドンケル案を受け入れる場合の短期的・長期的な影響はどうなるのか。その可否をめぐっては、森島賢（米政策研究会代表・東京大学教授）と速水佑次郎（政策構想フォーラム代表・青山学院大学教授）のあいだで、徹底討論（九三年一月一二日）が行われていた（『農業と経済』別冊『コメ関税化徹底討論』富民協会、一九九三年）。その論争を大まかに整理してみよう。

森島は、長期的にみれば「自由化すれば日本の稲作は生き残れない」と予想している。比較的早い時期に、加工用と外食用から輸入米に占領され、最後は家庭用の大部分も飲みこまれ、最終的には日本の稲作は壊滅するというのである。

一方、速水は、「関税化」を受け入れても、食管制度や農協制度など農業をがんじがらめにしばってきた規制を撤廃し、国内改革を実現すれば、日本農業は生き残れると考える。ドンケル案を受け入れる道は「煉獄」ではあるが、「新農政」路線で生きのびられる。しかし、拒否するなら、ガット違反で「地獄」に追い落とされるという。

短期的には米はあまり入ってこない

両者の二〇〇〇年のシミュレーションでは、最低輸入義務量以外に高関税をすり抜けて輸入される量は、森島が三九万トン、速水が四五万トンと、大差はない。なお、森島は、六年間の関税削減率を三六%とする場合の輸入量を三〇七万トンと予測している。しかし、ガットの「関税化の特例措置5(2)」で、一五%削減という合意案が決まっている。そこで、ここでは、森島モデルで削減率を一五%とした速水による試算結果(緊急提言「関税化は日本のコメを破壊させるか」政策構想フォーラム)から引用した。

一方、私は、実際にはそれよりずっと少ないはずだと考えている。両者のシミュレーションは、日本が好きなだけ輸入できる米市場がアメリカやタイに存在することを前提にしている。だが、米の生産量のうち貿易されているのはごく一部だけで、自由市場は存在していない。年間一三〇〇万トンという貿易量は世界の総生産量の約三%にすぎず、日本の介入できる余地はほとんどないのである。

世界の米の九一%はアジア地域で生産されているが、多くの国で自給のための糧であり、換金作物とはなっていない。その品種も、日本人の口に慣れない長粒米が大部分である。その米を恒常的に輸入してきたのは、イラン、サウジアラビア、旧ソ連、シンガポール、香港など、気候的・風土的につくれない国がほとんどである。この狭い市場に突発的に介入する国があると、途端に国際相場は跳ね上がってきた。その点で、国際的に自由貿易されている小麦やトウモロコシとはまるで違う。もちろん、ポストハーベスト農薬汚染も心配だ。

したがって、六年後〔二〇〇〇年〕に高関税を通過して輸入される分は、食用ではごく一部の外食産業用と、加工用の一部だけということになろう。そのなかでも日本酒用は発酵条件が異なるので、使いこなすのはむずかしい。

このようにみるなら、国内の米の自給体制がガタガタにならないかぎり、「関税化」を受け入れても「部分開放」より輸入が増えるとは考えにくいのではないだろうか。

自給体制が崩壊する危険

むしろ心配なのは、米の自給体制が内部崩壊する徴候がみられることである。

第一に、政府はこの数年、減反緩和政策をとり、九三年の減反目標を六七万六〇〇〇haとしたが、実際には七〇万八〇〇〇haも減反されている。この数字は九一年の減反目標より一五万ha以上も緩和されているのに、実際の復田面積は一〇万haに満たなかった。とくに、中山間地の水田から順次放置され、復田の可能性がみえない。

第二に、担い手が老齢化し、多くの場合に後継者が育っていない。

第三に、米の生産量の問題がある。日本の水田減反面積は七〇万ha以上あるが、実際に復田可能なのは、その三分の一弱しかないと思われる。農水省の日出英輔大臣官房審議官でさえ、「約二〇万haぐらいしか復田の可能性はないのでは」(『月刊農業・食糧』農村資源開発協会、一九九四年一月号)と述べている。つまり、反収五〇〇kg程度とみなして米の潜在生産力は一三〇〇万トン以上あるとされているものの、実際の生産可能量は平年作でやっと一一〇〇万トンというところであろう。それゆえ、仮に九四年から減反政策を全廃しても、作況指数が九〇なら一〇〇〇万トンで、備蓄の余裕はない。すでに近代化農政によって、日本の稲作は内部から崩壊しかけていた。そこに「部分開放」の追い打ちである。水田を放棄する流れが一層広がることが懸念される。

六年後の二〇〇〇年に行われる「見直し交渉」に備え、この「猶予期間」をムダにしてはならない。化学肥料や農薬を多投する近代稲作から、環境保全型の有機稲作へ転換する必要がある。そうすれば、消費者によって積極的に支持してもらえる質を獲得できる。こうして生産者と消費者が米づくりを通じて心の通った精神的提携を強化していければ、荒波に負けない国民的抵抗力を養え、日本の稲作を守る足腰強化が可能になる。

反対に、猶予期間を有効に生かせなければ、生産者と消費者の溝はますます深まる危険性もある。政府は食管制度を温存したまま一元輸入することにしているので、買入れ国や輸入量の決定などを国の統制のもとに行える。したがって、農家は外圧との直接的な対決にはさらされない。他方、安く輸入した米を高く買わされるので、一部の消費者の不満はつのる。そうすれば、「関税化」を全面的に受け入れざるをえない状況に追いこまれた段階で、消費者が日本の稲作の解体に加担し、米農家は壊滅的打撃を受けかねない。

予想される最悪の事態は、安易な「自由化恐れるに足らず」の機運が農家のあいだに広がることである。一元輸入の特権で、安い輸入米と売渡し価格との差益金が、農家保護の名目でばらまかれるだろう。そうなれば、このままでも大丈夫という安泰気分が広がって、ずるずると六年間が空費される危険性がないとはいえない。

しかし、どっこい敵はそんなに甘くなかろう。関税障壁の低くなる時期に照準を合わせて、海外では日本人の食味に合う米の栽培研究をクリアし、ポストハーベスト農薬に代わる輸送方法も完成されているかもしれないからだ。

西暦二〇〇〇年の選択

二〇〇〇年の「見直し交渉」で、日本には三つの選択肢がある。ガットに異議を唱え、米の自由貿易を全面的に拒否する体制がもっとも望ましい。しかし、それがかなわぬ事態にもあわてないように、「関税化」の受入れにも備えておく必要がある。だが、「部分開放」の延長路線だけは絶対避けなければならない。

「部分開放」路線を継続する場合には、アメリカとの二国間交渉が不可欠になる。そこで相手国に「追加的かつ受入れ可能な譲許を与える」ことが条件だから、二〇〇一年に一〇〇万トン、それから雪だるま式に輸入量が増やされるのは避けられない。それはアメリカの餌食になる屈辱的な道のうえに、日本稲作のじり貧路線である。

「関税化」への乗換え路線は、国際的にはもっとも受け入れられやすい。しかし、六年後の見直し交渉で「関税化」に乗り換えようとすれば、「猶予」に対するペナルティーとして、二〇〇一年の最低輸入義務量は五〇万トンではなく八〇万トンに積み増しされる。しかも、関税率は毎年一定の割合(一七・五%)で減らされていくので、七〇〇%ではなく五八〇%ぐらい(二〇〇〇年で五九五%)に削減されてしまう。

結局、日本政府が受入れを表明した「部分開放」は、実質的には「関税化」そのものである。そのうえ、陰で年々関税率が下げられ、六年後には崖縁にいきなり立たされるのだから、最悪な着地をしたことになる。

そこで、手遅れにならないように、最近の牛肉自由化の苦い教訓を学び直す必要がある。楽観論者は「和牛の霜降り肉は品質的に高いものだから、安い輸入肉は恐れるに足りない」と言っていた。確かに、真っ先にやられたのは、酪農家の子牛と廃牛(=加工用米)であった。だが、数年のうちにアメリカやオーストラリアから霜降り肉(=食用米)が入ってきて、和牛生産の世界もてんやわんやの事態に追いこまれた。米も牛肉と同じ轍を踏みかねない。そうならないためには、消費者は安い高いだけの基準で輸入米に飛びつかず、農家も消費者に応える魅力ある米づくりを実現する必要がある。

二一世紀は地球環境問題と食糧危機が最大のテーマとなるだろう。したがって、最良の選択は、米の自由貿易を全面的に拒否することである。ガットの自由貿易の枠組みから、農産物とりわけ基本食糧をはずさせるのだ。すべての国は、基本食糧を自給する基本的権利と義務がある。少なくとも、自由貿易になじまない米をガットの枠の外におくことを主張しよう。

アメリカはスーパー三〇一条をちらつかせ、自動車や半導体のような代表的工業製品でさえ、日本に数量規制を迫っている。そのこと自体、自由貿易幻想が破綻している証拠だ。食糧の自由貿易論は、強い輸出国が過剰在庫をもつ時代の議論である。世界的な食糧危機に直面すれば、農の営みを経済的価値に一元化できなくなる。そうなれば、ガットの枠組みを考え直そうという機運が国際的にも大きくなるにちがいない。

アジアでは、これから米の慢性的不足時代に突入することが必至である。国連の「世界人口推計」によれば、九〇年のアジアの人口を一〇〇とすると、二〇〇〇年に一一九、二〇二五年には一六九と爆発的に増えつづける。一方、基本食糧である米の生産は人口増に追いつけそうにない。韓国、台湾、タイなどでは都市化・工業化がすすみ、若者は都市に奪われ、農村は疲弊し、水田はますますつぶれる方向に向かっている。

その食糧危機の際、アメリカやオーストラリアは頼りになるだろうか。アメリカの米の生産量は世界総生産量のわずか二%、オーストラリアにいたっては〇・三%以下にすぎない。もともと両国の稲作は今世紀に始まったばかりであり、気候的に雨が少ないうえに乾季の稲作なので、永続性があるかどうか疑わしい。しょせん投機的工業稲作であり、ヘリを叩けば（＝干ばつ）沈む泥船のようなもので、頼りにならない。

熱帯雨林の伐採もそれに追い打ちをかける。タイでは、九四年から乾季の稲作が不可能になった。さらに、地球的規模で温暖化がすすむ一方で、局地的な冷夏、両極でのオゾンホールの拡大、海流の異変など、世界的に異常気象がつづいている。これに火山の大爆発が重なれば、大きな影響を受け、米の生産地帯で収穫が不可能になるかもしれない。米不足時代は刻々と迫り来るのである。

だからこそ、基本食糧の自給は、すべての国の権利であると同時に、義務なのである。まず国内で米の完全自給体制を確立して、基本食糧の自給を世界各国に呼びかけよう。

3 「新農政」の誤り

規模拡大をめざす「新農政」

農水省は農業基本法三〇周年という節目にあたる九一年五月、「基本法」農政に代わる新しい方針の検討本部を発足させた。そして、一年間の検討を経て、一〇年を射程においた基本文書「新しい食糧・農業・農村政策の方向」(「新農政」)を九二年六月に発表した。

振り返ってみると、国内的には食糧自給率が低下し、青年層の農業離れはすすみ、中山間地域の定住人口が激減してきた。近代化農政の破綻は誰の目にも明らかであった。一方、国際的にはウルグアイ・ラウンド交渉で市場開放を迫られていた。環境問題がクローズアップされると同時に、ECでは生産第一主義の高投入農業が環境破壊をもたらしているという反省から環境調和型の低投入農業への転換が始まり、アメリカでも九〇年農業法で、環境保護団体の主張してきた低投入・持続的農業や有機農業を評価し出していた。

このような内外の情勢に対応する政策として、「新農政」が打ち出されたものといえよう。なかんずく、ガットで予想される「例外なき関税化」にどう対応するかを緊急に迫られていた。そのため、総論では「環境問題」や「消費者の安全」にも配慮していながら、稲作になると途端にトーンが変わり、規模拡大による生産効率第一主義の政策となっている。つまり、一〇年後の望ましい稲作の姿は、①規模拡大で低コスト稲作を実現する、②先端技術を導入する、③農家を企業的経営体に変身させる、というものである。そのために、次の三点を提唱した。

① 現在の中核農家を個別経営体（一〇～二〇ha）と組織経営体（三五～五〇ha）に組織変えする。この二つの基幹的経営体で、全体の八割の水田を担う。

② 無人ヘリコプターによる空中直播・農薬散布、バイオテクノロジー、ロボットなどの先端技術による新システムを稲作経営に導入する。

③ 「他産業並みの労働時間で他の業種と遜色のない生涯所得を確保できる経営を行い得る経営体」に農家を変身させる。

近代化農政の破綻には目をつむる「新農政」は、水田の規模拡大を貫徹できさえすれば、現行の生産コスト水準（生産費合計）の五～六割、さらに直播の新技術を導入して集団化すれば四～五割程度にできるという。そうすれば、アメリカ型の大規模経営に対抗して生き残れるというシナリオなのであろう。しかし、明日の農と食を考えると、空恐ろしい青写真というほかない。

「新農政」が描く工業化路線は破綻する

「新農政」では、現在の中核的規模である一～三haの専業農家は、二一世紀に生きのびられない。彼らに、はっきりと「死の烙印」を押しているのである。選ばれた一〇ha規模以上の「経営体」になるためには、少なくとも平均規模農家一〇戸の農地を集めないと不可能だから、ムラは解体される。

換言すれば、一経営体のために一〇戸以上の農家の生活を奪うのだから、ムラの解体にともない人間関係はがたがたになるほかない。

生き残る経営体は、多額の借金をして一〇ha以上の規模に拡大し、ハイテクの大規模農業機械を購入することを強いられる。その借金地獄の先に明日が見えるだろうか。仮に完全自由化されれば、規模が一ケタ違うアメリカの二〇〇haの稲作と闘わねばならない。現在、日本の生産費はアメリカの一〇倍である。仮に「新農政」が言うように二分の一になったとしても、四七ページの表2にみるように、経済性では勝ち目はない。当然アメリカやタイでも技術革新がすすむから、さらなる規模拡大と大型ハイテク機械の買い換え競争に追いこまれる。

日本の地形を飛行機で眺めると、急峻な山と海のあいだに狭い平地がある。その猫の額のような斜面を先祖は段々田んぼにし、米をつくると同時に治水と灌漑に役立ててきた。山に降った雨は川に集まる。川沿いにある中山間地域の水田は全水田面積の三八%を占め、大雨の折にはダム機能を果たし、国土を保全してきた。ところが、そのような水田には機械が入りにくいため、真っ先に作付けされなくなり、次から次に放置されている。

米の自給を本気で貫こうとすれば、こうした中山間地域の水田を守ることが不可欠のはずだ。そのためには若者の入植を促し、その所得保証をすべきである。それは、ガットでも「生産と直接結びつかない所得支持」として認められている。ところが、「新農政」の経済合理主義は、平場の規模拡大しやすい水田だけを助成し育成する一方、中山間地域の水田を守ろうとする姿勢はまったくない。「規模拡大策で生産性の向上を推進し、内外価格差を極力縮小」する価格政策を打ち出している（『我が国の米麦をめぐる国際事情』食糧庁、一九九三年)。これでは、中山間地の水田がアウトになる。

平場でも、「経営体」は一枚の区画が一ha規模の機械化しやすい水田だけを蚕食する。取り残される圃場は休耕され、廃田にされ、米の完全自給はますますおぼつかなくなる。

「新農政」の青写真は、農業は工業とは違って自然条件に規定される営みであることをまったく無視している。そのうえ、拾い上げ農家と切り捨て農家に上から振り分け、大多数の農家に死の宣告をしているに等しい。農水省は、一方では「環境保全型農業」を推進するポーズもとってきた。だが、それはタテマエだけのことで、実際には正反対の工業化路線をひた走ろうとしているのだ。

農家が主人公になってアジアの稲作の生きる道を

日本の水田は風土に規定され、規模を大きくできない。もちろん、それは日本だけではない。韓国、台湾はじめ、規模の小さい中山間地の水田をていねいにつくっているのが、アジアの稲作の特質である。

日本がめざすべき道は、アジア諸国の稲作との共生だ。アメリカ稲作の「つい立て」になれずにその餌食にされるのであれば、アジア諸国の稲作も連鎖的に壊滅されかねない。日本が歩む道は、アメリカの後追いではない。水田単作で企業化を志向するのではなく、家畜と畑などとの複合経営で相互補完できるスタイルを基本とすべきである。

アメリカやECでも、家族農業が中核的担い手になっている。アジアの農村をみても、中国では共同経営体の人民公社を解体し、個別農家が経営主体になった。タイでも、家族農業が稲作の中心である。自給を基本とする本来の農の営みでは、米、麦、野菜、果物を複合的につくり、家畜を飼い、売り物にならない作物を漬物や燻製にしてきた。それでもあまれば、鶏や豚のエサに活用できる。いまでも、アジアの多くの農村では鶏や豚がかけまわり、老人や子どもが主人公として生かされている。日本の専業農家は「個別経営体」に変身しなくても、自然と共生した環境にやさしい家族複合経営で、豊かな生活が保証されるべきである。もちろん、そのことは、共同性を一切否定するものではない。しかし、今日の農協の多くは肥大化し、農家が主人公の組織ではない場合が少なくない。農家の上に君臨する金融機関であったり、農業資材を高く売りつけたり、上意下達の「組織」に堕落している。それを農家主体の真の協同組合に変える必要がある。すなわち、高価な農業機械の共同利用や資材の共同購入、あるいは生産物の共同販売、低投入稲作の実現のための組織とするのである。

そのような組織を「経営体」というのなら、その意義を否定するわけではない。だが、「新農政」では農協についてほとんど言及していない。

4 日本稲作が明日に翔く道

稲作は生活であり文化

日本の米に国際競争力がないことは、はっきりしている。今日ではさらに円高がすすんでいるので、格差はより広がっている。経済的次元だけで割り切るなら、「新農政」が描く一〇ha規模以上の稲作でも国際相場には通用しない。どうあがいても、タイのコスト水準は無理である。「国際相場より数倍高い米を買わされてきた」とほざく人には、効率の悪い谷地田の米は食べないでもらうほかない。苦労して耕す百姓の心は通じないのだから。

近代農政から脱却できない農家は、山間地の水田から撤退していく以外にない。だが、有機農業を志す農家なら、谷地田や棚田をやすやすと放棄せずに守りつづけていける。山からしみ出してくる安全でおいしい沢水を生かした谷地田や棚田には、かけがえのない、いのちの糧を育む価値があるからだ。

猫の額のような千枚田に私たちが心を打たれるのは、そこに先祖の心血を注いで耕してきた歴史が刻まれているからである。山間地の水田を耕し、栽培することが、文化＝カルチャーの起源である。その農の志に共鳴し、都市からもどんどん援軍が来る時代になり、自給の米づくりの環は広がっている。主食の自給体制が崩れ、食生活の原点を奪われる逆境だからこそ、生存の危機を感じている仲間は新しい農に立ち上がる。今日まで、米を商品作物ではなく自給の糧としてきたアジアの歴史は、稲作が生活であり、文化であることを、如実に表している。

しかるに、日本の近代稲作は、小さな木造船に大馬力のエンジンとレーダーを積み、太平洋の荒波に乗り出すようなものである。スピードは速いが、大荒れ（冷害）にあうと簡単に難破（大凶作）する。経済性の観点からだけでなく、環境、安全性、品質の観点からも、いまこそ低コスト化をはかるべきなのである。

顧みるに、六五年ごろに日本農業は二つの岐路に直面していた。一つは、農業基本法に則る近代化の道である。この進歩路線をひた走った末、絶壁に突き当たった。そこを強引に破ろうとしているのが「新農政」である。もう一つは、伝統農法を踏まえ、地域特性を生かす農の道である。「科学」＝

「化学肥料・農薬」という進歩史観から脱し、自然の摂理に則った自然適応型の有機稲作を生み出す道である。

「新農政」に対峙する低コスト有機稲作

二一世紀を射程に入れて、環境にやさしい水田を蘇らせ、ラクラク農法で安全でおいしい有機米や減農薬米をつくれるならば、道は拓けるはずだ。なぜなら、その価値を認めてくれる消費者としっかり提携できるからである。そのためには次の五点をめざしたい。

①化学農薬はゼロを目標

とりあえず、農薬を現行の五分の一以下（二〇年前の水準）に減らそう。日本列島は北と南で気候が非常に違うので、画一的に防除はできない。たとえば、九州、関西ではウンカ対策が問題になる。その際も、宇根豊氏〔当時、福岡県糸島農業改良普及所〕らの虫見板による減農薬運動のように、農薬は最少に抑えよう。条件が合えば、合鴨やコイで防除することをめざそう。

例年、田植えから二カ月ぐらいまでにイネミズゾウムシが発生する。しかし、苗が丈夫なら、茎や葉、根の食害は問題とするにあたらない。農薬を散布しなくても、稲が健康なら被害をものともせず、むしろ刺激剤とするかのようにたくましく育つ。それに、七月に入れば、カゲロウのように消えてしまう。

稲の収量を決めるものとして、イモチ病、とくに穂イモチ病の被害は無視できない。国の指導機関は、窒素肥料の高投入を問題とせずに、農薬の適期防除を勧める。だが、窒素過剰でなければ、病気が蔓延する心配はまずない。窒素の過剰投与をしないようにすることが対策の基本である。根の張りがよく、ケイ酸とカルシウムの吸収もよい場合には、茎と葉の細胞組織が硬くなり、イモチ病の被害は少なくなる。だから、稲の自然治癒力による克服をめざそう。軟弱に育ってしまった茎や葉を硬くするためには、木酢液や活性ブドウ糖を薄めて葉面散布しても、被害を少なくできる。

有機稲作の普及を阻んでいる最大の壁は除草問題である。近代稲作は、「一発除草剤」を田植え直後に撒くだけで、それを解決した。しかし、除草剤を撒けば、雑草だけでなく水田に棲む生き物も殺される。除草剤を使わなくても、成苗の田植えが終わるとただちに一〇cm以上の深水を張り、それから苗の育ちに合わせて一五～二五cmの超深水を張るだけで、雑草をほぼ抑制できる。そこにコイや合鴨を組み合わせれば、完全な除草となる。

②肥料は五分の一に

近代稲作では、元肥や追肥の形で、化学肥料を多投してきた。肥料費がアメリカの七倍という事実は、いかに多投しているかを裏書きしている。たとえ肥料を多投しても、稲に有効に活用されることなく河川に流されるのでは、汚染源になるだけである。むしろ、裏作でレンゲや菜種の復活を考えたい。そうすれば、春に花見ができるだけでなく、窒素肥料の補給源と蜜蜂の蜜源にできる。

③有機物による土づくりを柱に

もっと堆肥やモミ殻、稲ワラなどの有機物を水田に還元しよう。有機物は窒素分を吸収して稲の根の張りをよくし、藻類などを増やす。自然にヤゴ、ドジョウ、フナ、コイ、ザリガニなども増える。そうすれば、水田にホタルが復活したり、野生の鴨が泳ぐ水辺に変わる。

④複合経営と裏作の復活

水田単作で規模拡大するのではなく、畑作、畜産、林業との複合経営、田畑輪換による精神的に余裕のもてる小農経営のほうが安定的である。また、裏作を復活させて小麦、ジャガイモ、タマネギ、菜種などを作付けし、水田を有効に生かす二毛作を広めよう。

⑤有機米で消費者との提携

安全でおいしい有機米や減農薬米を多収し、農作業を通じて生産者と消費者の共同の楽しみと連帯感を共有しよう。

このような条件を初めから完全にクリアできなくても、生産費（農薬、化学肥料）が減るので低コストになる。昔の水田が復活し、生き物が蘇り、安全でおいしい有機米で消費者と強い絆をつくれる。それに挑戦してみるのは、なによりおもしろい。

私のレンゲ不耕起栽培

ちなみに私は、週末に都心から三時間以上かかる茨城県の筑波《つくば》山の麓にある田んぼに通い、有機栽培でコシヒカリを中心につくっている。除草のラクな粗放的な有機栽培の様子を簡単に示そう。

まず、保温折衷苗代で成苗を育てる。種子を筋状に粗く、一般の四分の一ぐらいの薄さに点播する。霜除けのために、上からワリフという不織布をべたがけ（トンネルをかけてビニールでおおうのが一般的であるのに対して、発芽しかけた苗の上に直接かける方式）しているが、発芽のときから寒さとの闘いを強いられる。厳しさに耐えてじっくり育つ成苗はたくましい。六～七葉期まで苗代におく

ワリフをべたがけした苗代を見る筆者

と、一粒のモミはすでに三本ぐらいに分けつしている。そのずんぐり苗を本田に植える。

前年の稲刈りが終わると、本田を軽く耕耘し、レンゲを播いておく。稲ワラは束のまま適当に敷きつめ、米ヌカとモミ殻は原則として田んぼに還している。それ以外は、肥料はゼロに等しい。

四月には、レンゲが咲きはじめる。四月の終わりに水を入れ、二週間もすると、レンゲは水に溶けて茶色くなる。その濁り水に除草効果があるので、生えかけていた雑草は枯れてきれいに始末され、ミジンコをはじめさまざまな微生物類が一斉にわく。

連休明け、菖蒲のように開帳したたくましい苗を、三・三㎡に四〇株の粗植一本植えにする。田植え後はすぐ水を入れ、そのまま出穂期まで張っておく。ただし、周囲が中干しに入る時期に水が自動的に止まるので、一時的に水が切れることはある。窒素分はレンゲからがほとんどで、水に溶けた養分を流さずに、稲が吸収するように管理している。直接

おとなも子どもも楽しみながら刈り、運び、稲架掛けする

稲に吸収されるか、微生物のエサになるか、いったんワラなどに取りこまれるか、いずれにせよ最終的には米に転流する。

田植えが終わると、徐々に水深を深くし、一五cmぐらいを張りっぱなしにしている。すると、二〇羽ぐらいの野鴨が飛来してくる。夜に懐中電灯をかざすと、水辺から飛び立つ羽音に驚かされる。クイナの巣を株元で見つけることもある。

粗植一本植えなので、茎数が少なく、初めはさびしい。植えるときには横に開いていた苗は効果的に光を受けるために、立体的に開帳する。出穂の一カ月前ぐらい、周囲が一株四〇本にもなっているころでも、やっと一五本ぐらいだ。上から見るとまだスカスカだから、光は存分に株元まで入る。やがて周囲が中干しで葉色が落ち、茎数ががっくり減る時期に、こちらはどんどん増えていく。無効分けつはほとんど出ず、最終的には一株が二〇〜三〇本になる。

茎は太く、背丈は約一二〇㎝にもなるが、台風が来ても簡単に倒れない。一穂の粒数は平均一二〇粒程度で、根の張りも登熟もよい、秋勝り(出穂してからの葉の枯れあがりがゆっくりして、モミが充実する。その反対は秋落ちといい、登熟が悪い)の稲になる。例年、反収八〜九俵と周囲よりむしろ多いぐらいだ。

田植えと稲刈りには都市からの仲間が前の晩から集まり、夜遅くまで祭り気分で話に花が咲く。手植え、手刈り(バインダー)、稲架《はざ》掛け天日乾燥(杭に稲束を掛ける)。仲間から「一日の労働の後、一週間ぐらい足腰が痛かった」とよく言われるが、その痛みは楽しみのなかにも慣れない作業を一所懸命やった代償でもある。イベントに参加し、自分の植えた分で一年分の食い扶持が保証されるのだ。労賃はタダだが、メンバーは年間のスケジュールに入れて、楽しみに汗を流しに集う。

省機械化・無農薬・無化学肥料栽培で消費者とのつながりを

世の中には、化学肥料と農薬を使わなければ収量は半減すると言わんばかりの「常識」が流布されている。だが、これはまじめに稲を育てたことのない人が無責任に流した戯言だ。

週末に三六aの田んぼに通い、稲を育てて九年になるが、病気で壊滅的打撃を受けたことはないし、近代稲作よりも多収してこれた。さらに、レンゲの濁り水には除草効果があるので、有機稲作の普及を阻んできた除草労力をゼロに近づけられる。ささやかな体験に照らしても、品種改良、化学肥料、農薬によって収量が上がってきたという常識は、実はつくられた「科学信仰」ではなかったかと疑う。コシヒカリは一九五六年に登録された品種なのだから、農薬を使わなくてもつくれてあたりまえのことだが（高松修・中島紀一・可児晶子『安全でおいしい有機米づくり』家の光協会、一九九三年）。

もちろん、近代稲作の枠組みのままで除草剤を撒かなければ、雑草に負ける。地力を無視して穂肥を打たなければ、収量はがた減りする。だが、その土俵を下りると、まったく別の新しい道が拓けるのだ。それぞれの条件を生かし、多様な道を探ろう。

このような有機稲作では、化学肥料・農薬はゼロだ。不耕起だから耕耘代かきが省け、農機具費も大幅に減らせる。除草剤を撒かなくても雑草は生えないから、四つんばい除草の必要はない。田植えや稲刈りの際に食べる消費者に協力してもらえば、低コストのラクラク稲作が可能になるのだ。

一般に、プロの農家には消費者の援農を歓迎しない風潮がある。しかし、米の慢性的な不足時代が迫っている。消費者にとっては、いのちを預ける農家を見つけなければ安心して生きていけない。それに、田植えや稲刈りをしたいと願う都市住民は増えている。

一方、農家にとっても、これからは自分のつくった米を直接食べてくれる消費者を見つけなければならない時代である。だからこそ、農家は省力的な生産を追いかけるだけでなく、「手づくり」の作業日程を増やし、都市住民にも作業に参加してもらい、仕事を通じて相互理解を深めることが必要である。苦労を共にするのは、消費者との本当の有機的関係を自然につくれるチャンスでもある。

安直な科学信仰から自由になれば、自ずから明日の新しい農の世界が見えてくる。薄井勝利は伝統技術を独自に発展させ、超深水の水中栽培技術で多収の稲作を完成させた。さらに一〇a一トンの夢の実現する日が楽しみである。古野隆雄（福岡県嘉穂郡桂川町）が合鴨除草から始まり、合鴨水稲同時作によるウンカ防除などでアジア型の稲作に活路を見出したり、高見澤今朝雄（長野県南佐久郡佐久町」がコイ・フナ同時稲作で喜々として子どものように魚と戯れている姿のなかにこそ、二一世紀稲作の未来を見る思いがする。

私も水田の片隅に池を掘り、ドジョウ、コイ、フナを飼ってきた。九二年から除草を兼ねて二年ゴイを本格的に導入してみて、除草効果のすごさに驚いている。それだけでなく、濁った深水の稲姿への影響、コイによる分けつ促進、茎や葉を硬くする効果など、高見澤の成果と符合するものであった。

中山間地の水田を生かそう

このような有機稲作は環境にやさしく、中山間地域の水田に活用できる。地理的条件を無視した規模拡大や工業化で国際競争力をつけるなどという妄想は捨てよう。高見澤のように、フナの養魚だけでも採算が合えば米はまる儲けという計算も成り立つ。針塚藤重(群馬県渋川市)は土づくりをしっかりやり、「表作」の小麦と「裏作」の米を反収一三俵以上も収穫している。一般の倍以上の収量を上げる二毛作が不可能ではないことを示しているのである。まさに「人の行く裏に道あり、花の山」だ。「人」を「近代化農政」「新農政」と置き換えると、明日の有機稲作の希望が湧いてくる。「米の関税化」は「煉獄から地獄への道である」とあきらめることなく、近代化農政のなれの果ての「新農政」を超えて、われらが世界を中山間地域の稲作で蘇らせたい。そこに活路が見出せなければ、未来はないのだから。

星寛治・高松修編著『米——いのちと環境と日本の農を考える』学陽書房、一九九四年

第2章　一枚の田圃《たんぼ》にかける夢——二毛作田の可能性の追求ノート

1　二毛作を阻む要因

春先の青々とした麦畑や菜の花畑は、心を和ませてくれます。それに反して、稲刈りのまま放置されている春先の田圃は、荒涼とした気分にさせられます。素人の目には、稲刈り後、半年以上もの間「空地」のままにしておくのは、何ともったいないことでしょう。

三年前〔一九八四年〕に実験田を始めるにあたり、懸案であった〝二毛作田〟の可能性を追求してみようと決意しました。ところが、いざ実際に二毛作として田圃を立体的に活かそうとしてみますと、それを阻む要因をいやというほど知らされます。たとえば米と小麦の二毛作では次のようになり、「二兎を追う者は、一兎をも得ず」という羽目に陥りやすいことを知らされました。

① 前作（麦）の関係で、田植えは六月二〇日前に実施するのはむずかしい。遅植えでは水の便が悪くなるうえに、減収が懸念される。

② 稲刈り後、麦の播種適期がすぐ迫るために、忙しくなるだけでなく、水排けが悪ければ増収は不可能になる。

実際、石岡地区（茨城県）の農業改良普及所の営農指標でも、小麦あとのコシヒカリでは、反収は三七〇kgが標準で、一般の早期栽培の反収四五〇kg（七・五俵）より一俵半近く減収することが常識になっているのです。この「常識」を崩さない限り、労多くして稔りの少ない二毛作が広がることはむずかしいでしょう。

ですから、二毛作が市民権を得るためには、二毛作でも早期栽培に負けない収量、いやそれを超える増収技術を提示することが必要でしょう。そこで、実験田では遅植えでの増収技術を模索することにし、具体的スローガン「反収一〇俵」を掲げました。もちろん有機農業ですから、化学肥料や農薬に頼るわけにはいきません。その代わりに有機質肥料を多投して土を肥やし、地力によって増収の道筋を示し、かくして有機農業田の特質を活かす道を探りました。

2 「除草」不要の多収技術

有機農業が叫ばれながら、なかなか広がらない理由は、単なる技術の問題ではありませんが、除草剤に頼れないために、〝手取り除草のしんどさ〟、とくに夏の暑さのなかでの過酷な重労働にその一因があるのは事実です。それを克服する必要性を痛感しておりましたので、手取り除草に頼らず、しかも除草剤を使わなくてすむ、らくらく稲作での多収栽培（反収一〇俵）をスローガンに掲げてスタートしてきました。

除草剤不要技術の骨子は、健康な成苗（四〇～四五日苗）を育てておき、本田では深水を張り、雑草の発芽と生育を抑制し、田植え一カ月以内に有効茎数を確保し、雑草に負けない稲づくりをしようというものです。現実にはスローガンは立派でも実質が伴わず、苦労の連続でした。

①初年次の稲作

自分でも目を覆いたくなる惨憺たる結果でした。苗づくりで失敗し、しかも田植え後深水を張ろうにも、隣の境との畦が低く、深水はかけ声だけに終わります。稲は雑草（コナギ、オモダカ）に負け、最終的に茎数は取れず、結果は反収五俵で、目標の半量という結果に終わりました。

②二年次の稲作

初年次の失敗で、稲についても少しは学びましたので、隣の田圃との境にコンクリートの畦を造ってもらい、深水の張れる条件を整えました。それと同時に、とくにぬかる湿地に山砂を客土し、堆肥を一〇ａあたり三トン以上も投入して、土の物理性と微生物活性を高めることに努めました。また苗づくりでも、田圃の片隅での折衷苗代にきりかえたところ、四〇日苗でしたが、まずまずの苗に育ち、田植えも無事終わり、ほっとしたものです。

しかし、夏台風は茨城地方の各地で川を氾濫させて増水し、大きな被害をもたらしました。実験田では、とくに大きな被害を被りました。田圃が周りのものより一段と低いために、稲は妊娠期に頭から泥土をかぶり、茎葉は泥で汚れて呼吸と光合成能を奪われました。おまけに土手は決壊してザル田に変わり、無残な結果になりました。

それでも、コシヒカリで反収七俵、クズ米が一俵以上。クズ米の多さは、大事な時期に光合成能を奪われたことを思えば、致し方ありますまい。

③三年次の稲作

今年〔八七年〕は川土手の改修工事も終わり、いまのところ作柄は昨年よりはやや良好のようです。苗の育て方に若干失敗し、N〔窒素〕分の追肥が効きすぎたためイモチ病が入り、本田でもその影響は残ったとはいえ、昨年よりは丈夫に育っているように思えます。今年は深水を一応張れたため、稲は雑草（コナギ、オモダカ）に負けずにすくすくと育ち、茎は太く、背丈は高く、穂数と穂長もまあまあかと思います。台風が直撃したわけではありませんが、隣の稲が完全に倒伏しているのに、実験田の稲は最後まで倒れず、稲刈りを迎えることができました。

背丈が隣の稲より一〇cm以上は高く、穂も重いのに、倒れていないのは、茎が丈夫で、根も生きている証拠ではと、内心ほっとしています。裏作の小麦作を考慮して、土を乾かすために水排けをよくする溝を掘ったりしてありますので、昨年のように稲刈りに際してぬかる心配もありません。

3　麦作を水田裏作から〝表作〟に位置づけたい

私たちは二毛作を前提に、稲の刈り入れ後、小麦を播き続けてきました。水田裏作なら、刈り入れ期の早い大麦ではないのかとの疑問が湧くでしょう。なぜ小麦にこだわってきたのか？　作付けのしやすさという観点からは、大麦のほうが理に適っていると思います。しかし、大麦はそ

二毛作を復活させ、自給をめざして麦が育つ（87 年 2 月）

の用途が限られ、麦茶・麦飯用では魅力が半減です。それに反して小麦なら、ウドン粉、パン用など食べものとしてのレパートリーがはるかに広くなるのです。穀物自給という観点でみますと、日本人は米を年間一一〇〇万トン、小麦は六〇〇万トン消費していますが、大麦は二五〇万トンぐらいのものです。

今日では、小麦は米に次ぐ主食の位置を占めています。にもかかわらず、その九〇％は輸入品で、アメリカ・オーストラリア・カナダなどからの〝アメリカン粉〟で席巻されています。その「メリケン粉」は夏、室温で放置しておいても、虫もつきません。それに反して自前の小麦粉には、室温では製粉してから一週間もたたないうちに、もう虫がつきます。虫も湧かないメリケン粉には、空散などで悪名高いスミチオンやマラソンなどの有機リン系の殺虫剤が「添加」されているからです。

小麦にこだわる理由は、食べてはまずく、安全性に問題のある「メリケン粉」を拒否し、それに代替する食べものを自給したいからです。

小麦にこだわってきたのに、今年は宗旨変えしたわけではありませんが、大麦にも手を出してみようと思っています。実は大麦には小麦では代えられない使い途があり、それに誘惑を感じたからです。それが手製の生ビールであり、その原料は大麦の一種、ビール麦だからです。もちろん、ビール麦はビールの原料になるだけではありません。麦茶用にもおいしいのだそうです。

そこで、今年は一枚の田圃でビール麦と小麦を半々ずつ作付けしようと考えています。この二年間、二毛作田で小麦が可能か否かに主眼をおいて観察してきました。そうして若干作期には無理はあるものの、米の出来高に悪影響を残さない形での麦作は可能であるとの手応えを感じています。

三年次の麦作を始めるに際して、この二年間の取組みについて簡単にふりかえってみましょう。

①初年次の小麦作

一二月初め、播種期の過ぎたのを承知で、一応アサカゼ小麦をドリル播きしてみました。しかし、湿田のために満足に発芽せず、川沿いの排水のよい五m幅ぐらいは一応生育し、翌年の五月五日ごろにぼちぼち出穂し始めました。その面積は三aぐらいのもので、全体の二割ぐらいでした。とくに湿潤な五a分ぐらいのところは、播き直しても発芽しませんでした。

ところで、小麦は出穂から四五日目が刈り入れの適期と言われています。つまり六月二〇日ごろであり、そうしますと田植えは六月二五日前には無理になります。止むなく青刈りしました。

②二年次の小麦作

田圃の水排けをよくする以外にないことを悟りました。そこで、隣の田圃との境にコンクリートの畦を埋め、その脇に手掘りで溝を掘りました。とくに水排けの悪かったぬかるみには山砂を投入すると同時に、小さな池を掘って、溜り水を吸引できるようにしました。それと同時に、一〇aあたり五トンほどのノコクズ発酵堆肥を投入して、土の物理性と微生物活性の向上に努めました。

二年次には、決壊した土手の改修工事のため、川沿い七mぐらいには小麦は播けませんので、初年次に収穫皆無作のところ約一〇a分だけに播種してみました。それでも、田圃の乾きがいまいちのため播種期が予定より一週間以上遅れ、一一月一日にやっと播種できました。薄播きに加えて、播種機の調整に問題があったためムラが大きく、結果的に六a分ぐらいしか発芽しませんでした。ドリル播きした畝の四本に一本の割で溝を掘り、その土を土寄せと土入れに使いました。

かくして、初年次には小麦が生育できなかったところでも無事生育し、五月初めには出穂。六月一〇日には無事収穫でき、反収三俵ちょっとありました。想像していたよりも穂は大きく、均質に播種できていたら、反収五俵ぐらいはむずかしくないとの手応えを得ました。

③三年次の麦作へ向けて

いよいよ三回目の麦作期を迎えます。それに備える準備は、稲作のときに、すでに手を打っておく必要があります。その手立ては何と言っても水排けです。

そこで、まずコンクリート畦脇の溝は埋めないように、約二mぐらいは麦刈り後、耕耘代かきを省略してみました。また、田圃の周囲には溝を掘り、稲株の四畝に一本ずつ溝切りをして、水排けのよい田圃への手は打ってきました。その甲斐あって、今年の稲刈りは、初めてぬからない田圃で作業が可能になりました。

まがりなりにも、二年間で湿潤な谷津田を二毛作が可能な田圃に変えることができたとの感慨を新たにしています。三年目から本格的に二毛作の新しいスタート台に立ったという気持ちで、あえて大ブロシキを広げたいと思います。具体的には、麦作を裏作から〝表作〟へと格上げしたいという想いです。

収量だけの話ではありませんが、麦作の収量を稲作を超えられるようにしたいと思います。当然、米一〇俵、麦一〇俵あるいはそれ以上を目標に、それを可能にする有機農業の二毛作の技術を創出していきたいと思います。

すでに昭和二〇年代に、福島県の木田好次氏は、「大麦で反収三〇俵、小麦で二〇俵」の技術を確立されています。その技術に学び、有機農業の利点を活かすなら、〝もう一つの二毛作〟の道は拓けるはずです。

私がここで麦作を裏作と呼ばずに〝表作〟と呼びたい理由は、八郷は稲作以上に表作に向いていると思うからです。冬の筑波おろしの風の強さと寒さは、麦が丈夫に育つに適わしい気候風土だと思うからです。それに、田圃の一年間をみれば、麦作の作期は稲の二倍以上に及びます。

米作　六月二〇日、田植→九月二七日、稲刈り……三カ月＋α

麦作　一〇月一八日、播種→六月一〇日、麦刈り……七カ月＋α

反収でも、手のかけ方ひとつで、米の五割増しは夢ではないと思うからです。

未発表、一九八七年九月二一日

第3章 手取り除草不要の省力・良食味米・二毛作栽培

1 二毛作田と養殖田

これまでは一枚の田圃をフルに活用する観点から、二毛作の可能性と、有機米の多収の二つを同時に目指してきました。だが、八郷で麦類―稲の二毛作を前提とすると、五月中の田植えは無理になります。初めのうちは二毛作にこだわり、五月五日ごろに播種し、六月中旬以降に遅く一株一本植えしてきたので、茎数が足りない傾向が続きました。やはり米の多収を目指すなら、種子を早く播くほうが有利に思えます。そこで、今年（九一年）は例年より二〇日間ぐらい早く播く方針です。

もう一つ、田圃での「魚の養殖」と「二毛作」は両立しにくいことも、わかってきました。二毛作を前提とすると、冬の間の乾田化が不可欠なのに、片隅の池が干上がり、魚の越冬が困難になります。残念ながら、一枚の田圃で「養殖田」と「二毛作田」の機能を持たせることに無理のあることを認めざるを得ません。「二兎を追う者は、一兎をも得ず」の諺を噛みしめ、田圃の隅に掘った池を埋め戻すことにしました。その代替に、今年から、昨年（九〇年）まで合田寅彦さんのつくってきた田圃を受け継ぎ、養殖田として活用する予定です。

この養殖田は、地理的に小高い丘や田圃などからの地下水をほとんど一年中取れる利点がある反面、そのために田圃の片隅がいつもじめじめしていました。原因は、上の田圃の「暗渠排水の水」と、周りの高い地域から水が染み出してくるためでした。今年は思い切って暗渠排水の水を積極的に活用して、田圃の片隅に池を掘っておき、コイ・ドジョウ、それにタニシなどを積極的に増やし、養殖田の夢の可能性を追ってみます（実際には春先に時間がなくて、養殖の準備をなにもできませんでした）。

つまり、これまでの一六aの田圃を二毛作田、今年から始める合田さんから引き継いだ二一aの田圃（実際に植えた面積は一七aぐらい）を養殖田と呼ぶことにします。来年以降は合計三七aになる予定？［中略］

2　苗八分作の苗づくり──超薄播きで少年期の大きな苗づくり

コシヒカリは有機農業向き品種

コシヒカリ地帯の八郷では、その他の米は「雑米」と差別的な呼ばれ方をされています。そのわけは、農協への出荷値段が格段に違い、雑米なら「反収一俵余分に取れないと採算に合わない」からです。

現在はわれわれもコシヒカリを中心に作付けしていますが、初めから本命と考えていたわけではありません。当初は「ササ・コシ信仰」という言葉に乗せられ、銘柄米は病気に弱く、倒伏しやすい品種で、本当の美味しさとは関係がないのに、それが広まり、薬漬けをひどくしたんだと思い込んでいたからです。

そこで、雑米（アキヒカリなど）を本命と考え、比較対照のつもりでコシヒカリも少し植えてみました。意外なことに、近代品種よりも多収性のあるのに驚きました。何年かつくってきて、コシヒカリこそ有機農業に向く品種なのだと改めて確信を持てるようになりました。

いうまでもなく、コシヒカリは日本でもっとも広く作付けされている品種です。最近では、秋田県の「あきたこまち」や宮城県の「ひとめぼれ」などがもてはやされていますが、いずれもコシヒカリを元に交配された品種です。

コシヒカリは第二次世界大戦末期の一九四三年に農林省の研究所で育種され、農林一〇〇号として登録されました。化学肥料や農薬を多投できる時代ではないころの、ずいぶん古典的な品種なのです。コシヒカリの親は農林一号×農林二二号です。それらは明治から昭和初期に登録された品種で、その祖先はいずれも日本で古典的に栽培されてきた美味しい品種（亀の尾・あさひなど）でした。コシヒカリの特質は第一に美味しいこと、第二に肥料が少なくてすむことです。

今年の一一月に、大分県の生協の招きで提携している有機田を見る機会に恵まれました。米が美味しいこととワラが有効に利用しやすいために、山間地では農林二二号が広範につくられていました。だが、最近ではコシヒカリ・キヌヒカリに押され、年々少なくなっていました。その地域は和牛の繁殖農家が多く、農林二二号は晩生の品種のためにワラが良質の粗飼料になるだけでなく、牛小屋に敷くワラにも活用できます。一方、コシヒカリなどは早生になるので秋雨の時期と重なり、乾いたワラが取れにくいのだそうです。

有機肥料は化学肥料のような即効性は期待できないから、少肥料ですむコシヒカリは、とりわけ有機農業に向く品種と思えるようになりました。でも、大分県の山間部で農林二二号にコシヒカリが取って代わる必要はまったくありません。

一部の消費者の間では、コシヒカリは倒伏しやすく、しかもイモチ病に弱い劣悪品種であるかの議論がありますが、事実ではありません。農薬を多投せざるを得なくしたのは、「V字稲作」のように、厚播きにしてモヤシ苗を密植栽培し、化学肥料を多投するからなのです。薄播きにして健康な成苗を一本植えする栽培では、農薬を一切使わなくとも倒伏・イモチ病の心配はまずありません。

疎植苗は種子を厳選し、播種密度を薄くすることが前提

①比重選は泥水選

比重一・一五以上の強い「泥水選」で、種子を厳選します。まず、瓦を焼く原料の粘土約二kgをバケツの中で水に溶かし、小麦粉からつくった糊を泥水に溶いておきます。そこに水を加えながら、比重を調整します。このやり方は黒沢浄氏〔昭和初期の篤農家〕が勧めていたやり方で、塩水によるよりも比重を上げやすく、途中で濃度が薄くなる心配のないのが優れています。

②種モミの消毒は低温殺菌

種モミの消毒は、風呂湯にモミの入った袋を漬け、熱湯消毒「低温殺菌＝六〇℃三分」で充分で

す。ただし、温度計の読みを間違えると大変なことになります。ですから、計る前に沸騰水で一〇〇℃を、氷水で〇℃を指すことを確認しておくことが肝要です。この方法は、故・郷津恒夫氏らが大潟村〔秋田県〕の大規模有機田で実践していた方式で、その後多くの有機栽培の仲間が実践し、イモチ病やバカ苗病を防除できる技術であることが確認されています。

③苗箱の床土の内容と播種密度

床土は、田圃の土をベースに、シメジを栽培したクズ（ノコクズと米ヌカ・フスマ）を五〇％ぐらい混ぜて、つくってきました。それをペーパーポットに詰めて、種子を播きます。水を十分に散水するか、床土の表面まで水に浸す場合には問題ないものの、畑苗的な育て方をすると、土が乾き気味になるためにうまくいきませんでした。

そこで、今年はまず雑草の種子を熱板で焼き殺した畑土をベースにし、ノコクズを使わずに、モミ殻燻炭三〇％とケイ酸分の多い貝化石二〇％、それにミミズの糞を少し混ぜた床土に変えてみます。

初めから一粒播きで一本植えを目指します。その種子を苗箱一枚に約五g：二三〇粒＝「八・二㎠に一粒播き」にします。一般の稚苗では「一五〇～二〇〇g」、成苗二本植えでも「四〇g」といわれているのと比較すれば、超薄播きです。しかし、後に述べる黒沢式の「一二㎠に一粒」と比較するなら、まだ厚播きということになります。

④折衷苗代の床土と播き方

手づくりの筋播き用の播種器を使い、二人一組で種を播く（右側が筆者）

稲刈り後の土を耕起せずに放っておき、秋から冬の間に生えかけている枯れ草を野焼きし、雑草を枯らすつもりでした。ところが、三月に入ると雨の日が多く、生えかけている雑草を根絶やしにするのは無理でした。定石どおり秋のうちに稲ワラでマルチし、雑草を完全に抑えておくべきでした。

畝（長さ二〇m、幅一二〇cm）の上に合田さんから分けてもらった自然卵の発酵鶏糞（一五kg）とモミ殻燻炭（一五kg）を撒きます。畝幅一二〇cmの脇に、約三〇cm・深さ一五～二〇cmの溝を掘り、その土を畝に載せる形にします。つまり、堅い土の上に約五cmの柔らかい土が載っている形になります。その上に、幅一〇cmおきに、筋状に種子を播きます。

苗は折衷苗代方式で、節水栽培を目指そうと思います。田圃の片隅で長さ二〇mの畝を四本立て、そのうち一本プラス三分の一本分はペーパーポット苗、二本分プラス三分の二本分は直播き苗を育てます。

表1　四月初旬播きのコシヒカリの生育ステージ

栄養生長期……約 80 日
　「乳児期」　胚乳で育つ 3 葉期まで(播種してから約 20 日間)
　「幼年期」　独立栄養で分けつする 4〜7 葉期(約 1 カ月)
　「少年期〜青年期」　茎数が増え、太い直下根の出る 8〜12 葉期(約 1 カ月)
生殖生長期……約 70〜80 日
　「思春期」　茎の中に幼穂ができ始め、それから開花するまで。
　　分けつが止まり、茎が直立し始め、背丈が大きくなる 13〜15 葉期(約 1 カ月)
　「壮年期」　出穂してから登熟し、稲刈りまで(約 40〜50 日)

稲の一生と田植え時期――なぜ七〜八葉期の大苗か？

稲の一生は、体が大きくなり茎の増える「栄養生長期」と、開花し実のなる「生殖生長期」に一応、分類できましょう。コシヒカリを例にとると、一生の間に一五枚の葉が次々に入れ代わります。

最後に出る一二〜一五葉の三枚が、稲刈りのときに残っている葉で、登熟にもっとも関係の深い「本葉」と言われています。しかし、実際の田圃では、枚数が一五枚とは限りません。育ちに異常があれば一四枚に減葉することもあれば、逆に一六枚に増葉することもあります。また、稲刈りのときに、一本の穂に四〜五枚の元気な青い葉が残っていることもあります。その稲の育ちを人間の生長のステージになぞってみると、本葉は「思春期」にゆっくりと誕生する「真打ち」に相当します。

四月初めの早播きコシヒカリは、発芽してから出穂までの期間が一一〇日ぐらい。一方、五月一〇日ごろの遅播きでは、その期間が九〇日ぐらいに短くなります。播種日では一カ月違っても、出穂期では一週間ぐらいしか違わないのは、遅く播くと稲は急いで大きくなることを示しています。

出穂の二〇日前ごろには茎の増える分けつ期は終わるので、遅植えの一本植えでは最終的な茎数が不足気味になる可能性が大きくなります。

一般の田植えでは、乳児期（三葉期）までの「稚苗」植えが普通で、苗箱一枚に一五〇～二〇〇gも超密播きされています。だから、田植え苗はまるでモヤシのように弱々しい。人間の子育てでも〝三歳までが大切〟と言われているように、稲の素質も乳児期の育て方に大きく依存するはずです。

温室育ちの赤ちゃん苗では初めから一〇cm以上の深水管理は無理で、そのために本田で寒波に遭い、大きな被害を受けることがあります。赤ちゃん苗が本田で分けつし、茎数が増え、繁茂するまでは少なくとも二カ月間はかかり、除草の必要期間が長期に及ぶので、除草剤の使用を前提とする技術なのです。

除草剤を使わない省力稲作では大きな成苗を植えたい

一方、われわれは幼年期から少年期（七～八葉期）の大きな苗を植えるので、生殖生長期に入る一二葉期までに一カ月そこそこしかかかりません。だから、本田での除草必要期間は「一カ月プラスα」で、約一カ月も短縮されます。そのうえ苗の背丈が大きいから、ただちに一〇cm以上の深水管理が可能になるので、発芽しかけている雑草の生育を抑えられる利点もあります。

苗を老化させないように四本以上に分けつしている七葉期の健苗を育てるためには、苗代で太陽光と大地からの肥料を十分吸収できることが必要条件です。そのためには薄播きする以外にありません（黒沢浄氏による『改良稲作法』（一九四七年）では、「七・五cm×一一・六cm（一二cm²）の並木播きで八・五葉期の大きな苗をつくり、その分けつ苗の一本植え」を勧めていました。「本田一反歩分の苗を、二〇坪以上の広い苗代面積で作れ」と強調しています）。

そもそも伝統的な田植えは雑草との戦いのために行われてきたのですから、大きな苗を植えていました。タイでは、いまでも五〇㎝以上に伸びた大きな苗を植えてきたのでしょう。われわれのところでは除草剤のない手植えの時代の「農法」を継承し、七～八葉期で三本以上に分けつしている健苗を目標としています。たくましい健苗をつくっておけば、植え傷みが少なく、活着がよく、しかも本田でただちに「一〇㎝以上の深水管理」が可能になります。

実際には、いくら粗く播いても、目標の健苗が育つとは限りません。苗箱と苗床の接触が悪いことが原因で、水分調整が不十分のために根の張りが悪くなる失敗を、いくたびか経験してきました。また、発芽しても苗箱の場所によってばらつき、一〇〇％うまく育つとは限りません。スズメにやられたり、途中で物理的障害で苗が足りなくなることも、いくたびか味わってきました。

苗づくりで失敗しなければ、少年期のよく育っている健苗は深水に適応して太い茎になり、ゆっくりと分けつし、一カ月＋αで「生殖生長期」を迎えます。そのころになれば茎数が増え、雑草の心配は少なくなります。

しかし、苗の育ちが悪いと、茎は細いままで太くならず、茎数が不足することもあります。だから、昔から「苗半作」と言われてきました。成苗の一本植えをしてみるようになってから、「健苗」の重要性を改めて痛感させられています。

3　手取り除草を省く本田の管理

田植えから出穂の四〇日前までは深水管理

この数年、前作の麦播きの前に、元肥としてノコクズと稲ワラを米ヌカなどで発酵させた有機堆肥を一〇aあたり二トンぐらい入れ、稲ワラは全量を田圃に還元することを基本にしてきました。

本田では、殺虫剤・殺菌剤はもちろん一切使いませんが、窒素過剰な育て方をしないかぎりイモチ病の蔓延する心配はまずありません。また、苗に本来の健康な勢いがあれば、イネミズゾウムシの被害を心配する必要もありません。六月初めに、三本分けつ苗を坪あたり四〇株以下（畝幅四〇cm、株間二二cm、坪あたり三六・八株）の一本植えを標準にしてきました。昨年は麦を刈った後ただちに耕耘し、代かきせずにゴロ土のまま翌日には水を入れながら田植えを行い、ただちに一〇cm以上の水を張りました。その深水状態を保持したまま出穂の四〇日前ごろになると、深水に適応して苗はゆっくりと分けつし、大柄に育ちます。

出穂の四〇日前の七月一日ごろには、一株一五本ぐらいに分けつします。それからゆっくり落水し始めると、一五日間ぐらいの間に茎数はほぼ倍増します。そのころがピークで、それ以降は茎数はあまり増えませんが、無効茎はほとんど出ません。

それから軽い中干しに入ります。その時期が梅雨明けのころなので地温も上がり、肥効が一気に効いているのが感じられます。有機の圃場では軽く中干ししても、肥効は少し落ちる程度で、完全には

田植え後に毎年、数回の茎数調査を行った（95年8月2日）

止まりません。中干し後は、自然の雨に期待する放水的な間断灌水？　かりに大雨が降っても、麦作のために掘っておいた溝に雨水が溜まる程度で、作土表面の上には水は溜まらないようにしています。

背丈が高くても、倒れにくい

出穂期には、背丈は一二〇cmぐらいに大柄に育っています。しかし、圃場の場所によってバラツキがあり、稲刈りの間際に調べてみると、苗の悪かった区画ではどうしても分けつが悪く、目標に達していません。標準的な場所では一株の茎数は二五本以上になり、目標としている「坪あたり一〇〇〇本」には達し、そのときの一穂あたりのモミ数は平均一二〇粒ぐらいの「穂重型」に育っているはずなのですが……。

「そんなに背丈が高くては、倒伏が心配では！」と懸念されるかもしれませんが、周りの田圃の稈《かん》（茎）と比べてみるとわれわれの稲は株元は太く、

第四節間は相対的につまっています。だから、登熟期に台風がきても、泳ぐことはあり得ても、べったりと倒伏する心配はまずありません（残念ながら、九一年は一部倒伏させてしまいました。原因は、周りの稲のように株元の稈（茎）が折れているのではなく、中干しを省いたために土が柔らかすぎたためです。そのために、株の根元から横倒しの株が少なくありませんでした。もう一つ、背丈が予定の一二〇cmよりも高く一三〇cm以上あり、穂目標の平均一二〇粒よりも多すぎた（大きな穂は二〇〇粒以上、平均でも一三〇粒もあった）ことにもよるためでした）。

一方、周りの稚苗植えのコシヒカリは、一穂粒数は九〇粒以下の小穂で、背丈も九〇cm以下です。しかし、思春期に過繁茂になりすぎるために茎は細く、しかも株元に光が入らないために第四節間が伸びすぎてしまうのです。そのために、穂は軽いのに腰が弱くて、台風の後や雨が続いたりすると、べったりと倒伏したりしていることがあります（今年は周りの田圃ではほとんどで倒伏し、雨続きで稲刈りができず、穂発芽しているモミが少なくありませんでした）。

表2　反収10俵の収量構成

坪あたり1000本（91年は800本以下）
一穂あたりの粒数……120粒（91年は130粒）
登熟歩合……80%（91年は85%以上）
1000粒重を22g（91年は21.6g）とすると、
　一穂あたり2.1g、坪あたり2.1kg
反収＝630kg（91年は540kg）

反収一〇俵は実現可能な線

標準区の反収を机上計算すると「反収一〇俵」になり（表2）、実現可能な線であることを裏書きしています。昨年、目標収量に達しなかった理由は、苗の悪いところで最終的に茎数七〇〇本どまりがあったからでした（今年の場合には、穂数が昨年よりさらに少なくなってしまったために、収量はいまいちでした）。

4 雑草(ヒエ・コナギ)の防除――手取り除草不要の原理と方法

水田雑草にはいろいろの種類があります。雑草を見たらすべて敵と思う必要はありませんが、ヒエは稲の穂の上に顔を出し、稔りを妨げるので、完全に除草しておきたい雑草です。でも、コナギのような雑草は、稲の株元でしめやかに生えているぐらいなら問題にしなくてよいと思います。そうは言っても、分けつ期に稲がコナギに負けるようでは困ります。

ヒエの除草は深水だけで可能

稚苗の早植え期はヒエの発芽期とも重なり、浅水ではヒエの発育にとっても都合がよい環境です。だから、一般の稚苗植え稲作で除草剤を使わなければ、ヒエはどんどん大きくなります。その根がしっかり張ってからでは、除草は大変です。叩くなら、赤ちゃんのうちです。

乾田状態からただちに水を入れ、田植えし、その後深水を張ると、ヒエの種子も水を吸い、発芽体制に入ります。しかし、ヒエの種子の発芽―乳児期には、稲の種モミのように大量の酸素を要求します。やむなく、芽は酸素を求めてひょろひょろと弱々しく水面に顔を出そうとしますが、窒息するようにして力尽きて蕩《とろ》けてしまいます。したがって、ヒエの種子が発芽しかけたときに一気に深水を張ることができれば、容易に除草できます。つまり、ヒエの赤ちゃんのときの水管理がポイントになります。

コナギの除草――深水と不耕起田植え

コナギは、一〇㎝ぐらいの深水を張ってもヒエのように窒息させることはできず、三葉期ごろまでは弱々しいけれども生きながらえ、三週間ぐらいすると弱々しいながら細い葉柄を伸ばし、水面に顔を出すようになります。それからは、コナギも深水に適応し、茎が太くなり始めます。そのころに落水すると、コナギは「陸《おか》に上がった河童」のようにぺたんと萎れます。一方、稲は「深水」を落とし始めると逆にすくすくと一気に茎数を増やし始め、勢いよくなり、大柄に育ちます。

コナギは、不耕起田植えでは生え方が少なくなります。不耕起では、春までにはいろいろの雑草が生えては枯れ、土の表面はその根によって守られています。本田の土が堅く、しかも雑草の根が張っているので、土の下に潜っているコナギの種子は発芽できません。土の表面に落ちた種子だけは発芽できるはず。それも土が堅いと順調には育ちません。一方、一般には植える前に代かきするからコナギは土の表面に浮いてきて、表面から五㎜ぐらいのところで発芽できるようになるのです。

大きな苗の田植えでは苗質の善し悪しが決定的な大問題ですから、すでに強調したように「苗八分作」以上の比重がありそうに思えます。

苗さえよくできれば、不耕起の堅い土でも植え傷みせず、活着がよいのには驚きます。ひとりでに勢いよく分けつし、大柄に育ちます。そんなときには、出穂期に茎数が足りないことなどを心配しなくてすみます。したがって、田植えが済めば一安心。水漏れだけを注意し、深水に適応し、苗が開帳して太くなり、自然に茎数の増えていくのを観察し、じいっと待つだけで問題ありません。

(昨年〔九〇年〕までは二毛作田だけの体験でしたが、九一年時に養殖田をやってみると問題はヒエとコナギだけではなく、マツバイという怖い雑草のあることを思い知らされました。)

5 二つの田圃の管理と稲作暦

播種期を四月上旬に早める

初めて田圃を始めた六年前(八五年)には、五月五日に種子を播いてきました。それでも出穂期は八月二〇日ごろで、五月の連休に植えている早植えの稲より一週間ぐらいしか遅れませんでした。このことは、遅く播くと生育ステージが早まることを示しています。

稲は一定の積算温度になると生殖生長に移る性質があります。当然、高温になる遅植えでは、出穂までの期間が短くなります。そのうえ、「コシヒカリは二五℃以上になると分けつを止めて生殖生長に転換する性質がある」とも言われています。実際、遅く播いても梅雨明けで気温が上がるころには分けつが止まるので、分けつ期間が短くなります。だから、遅播きの一本植えでは、最終的な一株あたりの茎数が目標よりも足りなくなる危険性も大きくなります。

かりに茎数が確保できても、本葉三葉による光合成の有効期間が縮まるので、澱粉の蓄積が少なくなって登熟歩合を落とすことが懸念されます。

もう一つ、九月に入ると例年、八郷では雨の日が多くなります。少なくとも出穂期から一〇日間ぐらいは、雨にぶつけたくありません。とくに、気温が下がり雨の日が続くと、コシヒカリは穂首イモチ病にやられる危険性があるからです。したがって、出穂期を八月初め、遅くても一〇日までに繰り上げたいものです。

また、今年（九一年）は冬暖かく、湾岸戦争などの影響も懸念され、暑くなる時期が早まる可能性もあるので、分けつ期間を十分取るために、播種日を昨年（四月二六日）よりさらに二〇日間ぐらい（実際は四月七日）早めてみたいと考えています。

「養殖田」の管理

「養殖田」の特徴は、裏の小高い丘や昔は田圃だった地形的に高いところから濾過されて来るきれいな水を一年中取れる点です。ちょうど谷津田の条件に合致する水利条件です。だから、その水だけで行い、川から汲み上げる灌漑水は原則として使わないようにします。また、その水を使って苗床をつくり、早播きの保温折衷苗代として利用します。

水口近くに池を掘り、コイ・ドジョウ・タニシを増やし、これからの養殖の可能性を追求します。また、畦を補強して高くし、二五cmの「深水」の張れる田圃にしたい。そのために土手を強化し、水漏れを防ぐ作業を進めています。そうして、田植え後一五〜二〇cmの深水（他方「二毛作田」は深水といっても一三cm以下が限度）を張り、本格的な深水栽培の効果を検討します。さらに、コイ・ドジョウなどを放し、除草効果も試してみたいと思います。稲刈り後でも水を入れられる利点を活かし、来年以降には稲刈り後に田圃に水を入れ、魚の養殖に活用したり、雑草の芽を出させ、冬の寒さで枯らすような実験もできそうで、楽しみです。［中略］

田植えと稲刈りはハレの一日

手植え方式を原則として守ります。都市に住む会員が年に一回、田圃に入って手植えできるのは、苦痛であるよりも楽しみな一日なはずだからです。

一方、稲刈りは手刈りとバインダーを併用し、刈った稲束はただちに稲架に掛け、天日による一週間の自然乾燥を行います。それだけで昨年は米の含水率は「一四・五％以下」（九一年は雨の日が多く「一五・八％」でした）でしたから、火力乾燥の必要はなく脱穀できました。将来は品質の劣化を少なくするために「モミ貯蔵」を考えていきたいと思います。

田植え・稲刈りには例年、米を食べてくれる都市の仲間・援農部隊が集まって来ます。その日は「共同出荷場」の二階に宿泊し、夜遅くまで石井慎二さんが腕を振るってくれる、うまい特製料理をつつけます。おいしい酒、ときには差し入れされる特製の珍しい酒にめぐりあえることもあり、それを飲みかわしながらの議論、それを楽しみに集まる会員も少なくありません。このようにして、田植え・稲刈りの日は都市の雑踏を離れて田舎のおいしい空気を吸い、労働に汗を流し、都市生活のストレスを癒す一日でもあります。

昨年の「反収九俵（五四〇kg）」は、八郷の過去一〇年間の「平均反収は四四〇kg」に比べれば、まあまあの収量というべきでしょうか？

もし今年の天候が順調ならば、当座の目標「反収一〇俵」はクリアーしたいものです。

『もう一つの田圃91-Ⅱ』私家版、一九九一年三月二三日、最終改訂一一月六日

第4章　レンゲを生かした稲作

1　レンゲの復活

一九九〇年からは、小麦の代わりに、冬作に緑肥栽培を導入することにしました。

堆肥による土づくりは王道ですが、労力が大変です。それに替わる手段として、昔は水田で冬作物のレンゲをつくっていました。農水省の資料では、一九三〇年代が最盛期で三〇万ha、それが五五年には八万五〇〇〇haに減り、一時はほとんど影を潜めてしまいました。レンゲの衰退は、次の理由で稲作の近代化とマッチングしなかったからです。

①　昔の田植えは関東では梅雨入りしてからでしたが、一カ月も早まったために、レンゲの開花を待っていられなくなったこと。

②　化学肥料による追肥重点の栽培体系になり、レンゲのようにゆっくりと肥効が効いてくるものはむしろ邪魔者扱いされるようになったこと。

③　レンゲを土に鋤き込むと、あとでガス害などで稲の生育を阻害し、根がやられる心配があること。

④　兼業農家が増え、冬作による「時間的複合化」による立体的利用が敬遠されるようになったこと。
⑤　家畜のエサとしては、レンゲよりも生産性の高い飼料作物デントコーンやビートなどに移行したこと。

そのレンゲを、いま私は復活させたいと考えています。
①　レンゲの作期が田植えと重なる点については、とりあえずレンゲの花見期間を短縮し、将来は早稲品種の導入で対応できるはずです。
②　国が推進してきたV字稲作は、化学肥料と農薬を多投して水土を汚染させてきました。いまこそ「稲は地力で穫れ」という原点に立ち返り、レンゲを見直す必要があります。
③　「土に鋤き込むとガス害などで根がやられる」のなら、レンゲ田で不耕起田植えをすれば、害を少なくできるはずです。
④　水田の立体的利用が食料自給の鍵だからこそ、その一環としてレンゲを復活させ、景観形成作物や地力増進作物にしたいものです。

このようにレンゲの作期を短縮し、不耕起田植えで有害作用を少なくするだけでは、いかにも後ろ向きです。もっと、その効用を積極的に生かしたいものです。かつて島本覚也氏は『最新微生物農法』（一九五九年）で、こう述べました。

「レンゲを生鋤すると、青草が保持せる有機酸が作物の根に害を与え、土壌は著しく悪くなります。しかし、それを発酵させて『天恵人造水肥（緑肥）』にすると、葉緑素、ホルモン、有機態窒素になり、甘い匂いのする水液になり、根の発達を盛んにします」

そのつくり方とは、瓶の水三六〇ℓにレンゲなどの青草三七五kg、鶏糞三七・五kg、それにバイムフード七五〇gを混ぜて発酵させる、というものでした。

2 田植えの模索と除草効果

田植えに手間と時間

田んぼで「島本式の天恵緑肥」よりも三〇倍薄い液肥（レンゲ・反三トンを深さ一〇cmで水・反一〇〇トン）をつくってみようというアイデアが浮かびました。田を「瓶」に見立て、秋のうちに撒いておいた稲ワラ、米ヌカ、それに好気性の微生物や小動物が死骸になるので「鶏糞」は省略。レンゲは水に弱いという特性があるので、深水を張るだけで溶けるはずだというものです。

稲刈りと脱穀が終わるや、表面五cmぐらいを軽く耕耘し、レンゲを播種しました。周りの水田の茶色い冬景色をよそに、秋から冬の日の光を生かし、田んぼにレンゲや菜の花をつくると、四月には土も温《ぬく》もり、一斉に開花し、蜜蜂や蝶が群がるので、そこで寝転びたくなります。頭ではレンゲは窒素固定作物ぐらいに考えていましたが、花が落下し、土がふわふわに柔らかく団粒構造に変わっていくのを見て、花に集まっていた野生酵母や乳酸菌が花といっしょに落下して、土壌中のリン酸を植物に吸収されやすい有効態リン酸に変えているにちがいないと、感じました。

初め〔九〇年〕は、レンゲ畑に水を入れ、その日に田植えをしました。しかし、レンゲをかき分けながらの田植えは手間と時間がかかり、しかも一面緑色なので、自分でも、植えたところとまだ植えていない境が見分けられません。後日、植えていない区画がところどころに散見されました。

そこで翌年〔九一年〕からは、田植え前に刈払機でレンゲを刈り倒してから田植えをする方式に切り替えました。しかし、秋に耕起してなかったので局部的には土の固いところがあって、指が痛くて植えられません。やむなく、割り箸三本を束ね、穴を開けて、やっと植えましたが、とても「らくらく」とはいえません。

しかも、田植え後の活着が遅れ、立ち枯れて消えてしまう苗が少なくありませんでした。とくに固い土質のところに植えた苗は、周りの土でしっかりおさえることができないからなのでしょう。浮き苗も少なくありません。このようにして、不耕起だから根の障害は少なくなるにちがいないという予想ははずれ、植え傷みはむしろ大きいことがわかりました。

そこで次の年〔九二年〕からは、やむなく稲刈りしたら浅く耕耘し、レンゲなどを播く方式に戻しました。それから束のままの稲ワラ、モミ殻、米ヌカなどをばら撒くのは、以前と変わりません。秋のうちに耕耘しておくと、田植えが少し楽になるだけでなく、多年生の雑草、宿根性のホタルイ類、セリ、スズメノボタンなどにも効果があるようです。

レンゲの濁り水に除草効果

私がレンゲに期待したのは、肥料を楽に自給することが主眼でした。ところが、レンゲには除草効果を期待できることがわかってきました。

田植えの数日後、蜜蜂の戯れていたレンゲ畑の景観はがらりと変わり、レンゲは水に溶けてドロドロのいやな臭いの水に変わっていました。臭いのピークは水を入れてから一週間ぐらいで、それから徐々に消えていきます。

その濁り水は瞬間的には〝死の水〟で、雑草がきれいに除草されるだけではありません。深いところに植えた苗が溶けて消えてしまうほどの、強烈な殺生作用がありました。それには弱りました。しかし、一〇日ぐらい経つと、その濁り水が澄み始め、ミジンコ、ワムシ、ボウフラなどの微生物や小動物が爆発的に湧くようになります。〝死の水〟が〝生物活性水〟に一変し始めるのです。

〝死の水〟とは、レンゲのタンパク質、非タンパク態窒素などが各種の酵素によって分解された〝灰汁〟の特性であると考えられます。レンゲの柔らかい葉が水に溶けたどろどろの褐色の液は、雑草の呼吸を止める酸素欠乏水であるだけでなく、酸化還元電位が下がることからみても、各種の導電性のイオンが生成しているにちがいありません。そのイオンは、強烈な低分子の有機酸と硫化水素、一酸化炭素、炭酸ガスなどの有毒ガスなども含まれているものと思われます。自然の酵素による酸化還元反応の過程で生成する灰汁は、発芽しかけた種子の酸素を奪うだけでなく、毒性の殺生作用があるのです。

しかし、その一部は脱窒されて空気中に放出されたり、ワラやヌカなどに吸着されたり、土に透水したり、強烈な酸化還元反応がピークを過ぎるにつれ、各種のアミノ酸や有機酸などをエサとする自然界の微生物類が一斉に活動を始め、爆発的に増え、それをエサとして食べる原生動物のミジンコや小動物ワムシなども爆発的に増えるようになります。こうして〝死の水〟は自然の浄化作用によって、〝生物活性水〟に化けていくものなのでしょう。水を入れてから二週間ぐらい経つと、植物への毒性作用も弱まります。

こうして、苗代から本田に移殖された苗は、完全に活着する前に地獄の苦しみを強いられたことになります。しかし、それに無事適応でき、崖淵を通り越せれば、あとは尻上がりに元気になれます。

世間の常識にあまりにも反しているので、田植えの日に隣の水田の土手草を刈りに来ていたご隠居さんは、びっくりして親切に忠告してくれました。

「草茫々《ぼうぼう》のまま植えると、後で草に泣かされるから、まず草を刈って耕起してから田植えしたら」

後日、そのご隠居さんから言われました。

「老婆心ながら見るに見かねて口出ししたけど、あれでも雑草が出ないんだから驚いたよ！　うちの田んぼではきれいに代かきして田植えをし、その後で〝一発除草剤〟を撒いておいたのに、それでも雑草がびっしり生え、嫁と二人で丸三日かけて手取りで、やっと除草を終えたところだよ。嫁が言うんだよ。『あんなに荒れてても草が出ないんなら、田植え前に掛り（除草剤）をかける必要があるのか？』と」

この年は、田植え一カ月後にイボクサを拾ったぐらいで最小の除草労力で済ませることができ、稲は大柄で太い茎で大きな穂がつき、反収九俵のまずまずの成績でした。

そのときの難点を要約すると、①田植えの大変さ、②レンゲ草をかき分けての田植えは面倒なこと、③水深の深いところに植えた苗が死んでしまうこと、④欠株があっても雑草に隠れて見分けがつけにくいこと、⑤田植えのあと田んぼから悪臭が漂ったこと、などです。

レンゲを分解させてから、ゆっくり田植え

難点の①〜④は田植え時期をずらし、レンゲが完全に水に溶けて微生物、小動物が湧き始めてから田植えをすれば、解決できるはず。そこで九三年からは、レンゲを枯らしてから田植えをする方式に変えてみました。レンゲが水に溶け、分解する過程で濁り水ができ、その灰汁の生成過程で同時にいやな悪臭も放つことは、すでにみてきたとおりです。この時期に田植えをすれば、苗もやられるので、早植えは禁物です。しかし、強烈な殺生作用のある期間は水を入れてから一〜二週間で、その期間を過ぎると一気にミジンコなどが大発生し、そのころになれば臭いは少なく、水も澄む方向に変わっていきます。

例年、八郷では五月の連休に、一斉に田植えが行われます。そのために、九三年は四月二六日に、川から大きなポンプで灌漑水を汲み上げ、各水田に給水できるようになりました。そこで農民は、水田を耕耘してからコックを開けて水を入れ、代かきの態勢を整えます。私も周りにならいレンゲ田の給水コックを全開にして、友人に誘われて海釣りに遠出しました。

深水を張って一週間後、レンゲが枯れていることを期待して、五月二日に田んぼに行ってみると、コックが閉めてあって溜まってなく、レンゲは元気でした。その遅れがたたり、五月一五日は臭いのなかでの田植えとなりました。そのために、深いところに植えた苗は灰汁で枯れ、翌週に補植をよぎなくされました。

水を張ってから少なくても二週間ぐらいは待たねばならず、早すぎるとせっかく植えた苗をも枯らす危険があるので、三週間ぐらい経ってからの田植えが無難です。その期間は、水田の特性と気候に

もよるので一概にはいえません。気温が高い年は危ない期間は縮まり、低温年は逆に長く続くので、田植えを遅らさざるを得ません。

3　悪臭対策

しかし、⑤の難題はいただけません。「環境保全の景観作物」を売り物にする以上、一時であれ環境に悪臭を放つような田んぼは困ったものです。この問題に、九四年は次のような対策を試みました。

①臭いのもとになる有機酸などをいったん緩衝剤に吸着させるために、地表にモミ殻、ワラ、米ヌカや活性炭を撒いておく。

②光合成細菌、乳酸菌製剤（オーレス菌製剤）などを投入し、微生物活性を高めてやれば、腐敗分解せずに乳酸などの生合成に活用され、硫化水素などの有害ガスは還元され、悪臭は減り、その期間も短縮されるはずである。

③冬、有機酸鉄資材を散布しておき、稲ワラの分解と微生物発酵を促せば、臭いの軽減に役立つはずだ。

④レンゲの花見を短縮し、四月下旬にいったん刈り倒してから水を入れてみる。

その結果、悪臭は問題にならないぐらいに減りました。しかし、まだ技術的に検討すべき次のような問題が残されています。

①レンゲと混播された菜の花の茎が田植えの邪魔になったこと。

②深いところに植えた苗が、やはり翌週に消えていたこと。
③活着が遅れ、苗のときに分けつしかけていた茎も消えてしまったこと。
④田植えしても活着が遅れ、二週間ぐらい新しい分けつが休むこと。

そこで、九五年は、〔前年の〕秋のうちに稲ワラ、米ヌカ、活性炭を田んぼに撒いておき、水を入れるときに光合成細菌、乳酸菌製剤（オーレス菌製剤）を撒いておくことは、前年のつくり方と基本的に変わりません。が、次のようなレシピの一部修正を試みるつもりです。

①　田植えをさらに一週間遅らせて五月二一日とし、レンゲの灰汁の苗への悪影響をもっと少なくすること。
②　レンゲの刈り取りを前年よりさらに一週間早めて四月二〇日にし、レンゲを天日に当て半乾燥させてから、深水を張ること。
③　分けつを促すために、リン酸肥料として骨粉を冬のうちに散布すること。
④　四月二日に播種、苗代期間を前年より一週間延ばして四九日とし、四本分けつしている七～八葉期の成苗を標準に考えること。
⑤　田植え直後の一～二週間は深水を張るのをやめ、ヒタヒタ水程度にし、レンゲの灰汁が苗の茎葉に触れ、濁り水で苗の勢いを殺さないようにすること。

このようにして、レンゲの灰汁が〝死の水〟から〝生物活性水〟に変わってから、ゆっくり田植えをするようにしたいものです。

未発表、一九九五年二月一一日

第5章　コイの稲の生育への影響

九二年、本格的に二年コイを田んぼに入れてみると、雑草を食べるだけでなく、稲の育ちによい影響がありました。

コシヒカリの一生を生育段階で分けると、次のように分類できます。

①赤ちゃん時代＝発芽から乳離れする三葉期まで（四月中）の稚苗
②幼年期＝三葉から六葉期（～五月中旬）の中苗
③青年期＝七葉から一二葉期（～七月初めまで）の成苗
④生殖生長期＝幼穂形成期から出穂、一三葉から一五葉期（～八月初旬まで）
⑤壮年期あるいは登熟期＝出穂から稲刈り（八月初旬から九月下旬まで）

一般の田植えは①の三葉期の「稚苗」機械植えが主流ですが、私たちは播種してから四九日齢で③青年期の「成苗」を標準にしています。九二年は周りより一旬早く播種し、田植えは養魚田を五月五日、レンゲ不耕起田は一二日。苗のつくり方は保温折衷苗代で、七葉期で三本分けつ成苗を一本植えするようにしています。

二枚の田んぼのうち、一六aの不耕起田ではコシヒカリを、一二〇aの養魚田を二つに区切り、酒米

（一五a）とコシヒカリ（五a）を。前者ではレンゲ―不耕起のまま手植えで一本植え。後者の五a分だけは不耕起田に手植え、残りは代かきし、「渡船《わたりぶね》」（酒米）の機械植え。田植え一週間後の五月一二日に、約一〇kgで約一〇〇匹（一匹一〇〇g）の二年コイを放流してみました。

養魚田では、田んぼの周りにあらかじめ幅三〇cm・深さ二〇cmの溝を掘り、最終的には池（深い溜まり）に接続し、コイを落水時に回収できるように準備しておきます。実際には深水栽培の効果もあるので、育ちの違いを即コイの影響と断じることはできませんが、コイ効果と思える点をあえてあげてみます。

1　青年期（七～一二葉期）の育ちへの影響

五aのコイ田には不耕起の雑草が茂っていたので、五月いっぱいは雑草に埋もれて補植もままならないありさま。六月初旬に雑草は枯れ、やっと筋状に稲の列が識別できるようになりました。最初は一〇cmぐらいの深水、六月一〇日ぐらいから一五cm以上張りっぱなし。初期はひらひらと水に浮くように腰の高い頼りない育ちでしたが、六月に入ると徐々に茎が太く大柄になり、茎葉は天を突くようにぴんと立ち、立体的に開帳しながら茎が増えるようになりました。

①沸きによる有毒ガス害防止

コイは胃袋を持たないので食い溜めできず、「不断摂取」します。文献によれば「稚魚は一日に体重の七～八％の乾物換算の餌を食べる」のに、田んぼの餌は水膨れしているので、一反歩に七kg入れたコイは一日に五kg以上の餌を食べているはず。実際には泥土ごと口に入れ、餌だけを体内に摂取し、残りを吐き出しているので、口に入れるうち土を九五％とすると、コイは一日に約一〇〇kgの土を吐き出している計算になります。そのうえ、ヒレでも土を掻き回すから、常時真っ茶色に濁るのは当然です。

コイを入れてから一〇日ぐらいは環境変化に適応するのがやっとで、深溝の土を濁すぐらいで、圃場全面を回遊しません。それが六月に入るころから活発に泳ぎ回って全面が濁り、もうこのころにはガスがぶくぶく沸くようなことはなくなりました。

②雑草を完全に除草

耕耘・代かき・機械植え圃場では、田植えの二週間後にコナギ・オモダカがびっしり生えていたので、三週間目に中耕除草器を一回押しました。しかし、株元に生えている分は取れないために、六月二〇日ごろにはオモダカが水面に顔を出し、手で取る以外にないのかと諦めかけていました。もうこの時期にはオモダカは根をしっかり張り、手で取るのは容易ではありません。ところが、六月の終わりには水が真っ茶色に変わり、食い残した根などが浮いていて、稲の株元を手で探ってもオモダカはありません。凄い勢いで雑草を食べ、七月初めにはきれいに草を平らげてしまいました。

コイは草魚と違い、雑食性でサツマイモ・サナギなどを好んで食べることはよく知られていますが、雑草を本当に食べているのか否かは議論のあるところです。水田にコイを放流し、無給餌で飼う場合には、「環境に適応し、草魚と似た食性を獲得し、水生植物のコナギ・オモダカの葉をもりもり食べて栄養にするようになる」と筆者は考えています。

もし泳ぎヒレで土を掻き回す効果だけなら、稲の株元にぴったりくっついて生えている雑草が、完全になくなるわけがありません。このころ水面にホタルイ類の株が根元から掘りおこされて浮いていることはあるのに、オモダカの茎や葉がそのまま浮いていることはまれにしか見かけません。中国の文献によれば、「養魚は水田雑草の幼芽、幼植物、水生植物を食べる」と記されています。

③濁った泥水の意義

濁り水は稲にどのような影響を与えているのでしょうか? プラスの効果としては、表土を泥水に混ぜ、土壌粒子に酸素を供給して活性化させ、水中微生物（植物プランクトン・動物プランクトン・細菌）・小動物の増殖を促し、酵素を活性化させます。とりわけ好気性微生物の割合を増やし、土壌のケイ酸やカルシウムを可溶化させ、作物に吸収させやすくするので、稲の茎葉はケイ酸を十分吸収でき、堅くぴんと立つようになります。

その際に、茎葉に藻の一種が付着し、光合成や養分吸収を阻害するのを防ぐ作用も期待できます。有機水田にはアオコや緑色で六角形の藻類が発生し、稲を押し倒すことがあるが、その被害を防げます。これは濁り水のせいだけでなく、コイが藻類を食べているためでもありましょう。

反面、光の透過率を悪くし、光合成を阻害するのは避けられないはず。しかし、そのマイナス効果をものともせず、稲は水面上の茎葉を広く厚くし、光合成をより活発に行える態勢を整え、さらに株元をより開帳させて受光態勢をよくし、光を存分に受けて補っているようにみえます。

図1　養魚田とレンゲ不耕起田の茎数の増え方

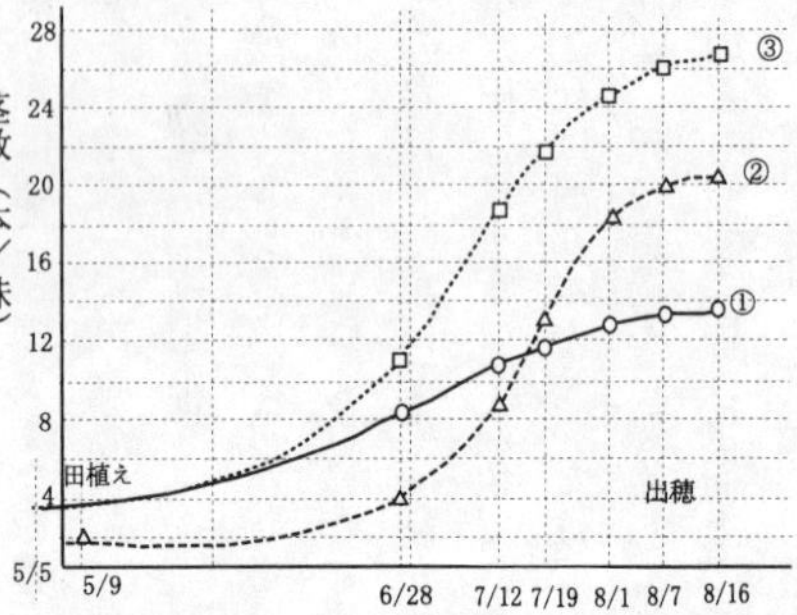

（注1）いずれもコシヒカリで、10株の平均値。①はレンゲ不耕起田、レンゲをかけ流し肥料分の少ない5㎝の浅水区。②はレンゲ不耕起田、レンゲ肥料の多かった15㎝の深水区。③は養魚田で、田植え2週間後から常時15〜20㎝の深水区。

（注2）普通は最高分けつ期に茎数は40本ぐらいでも、出穂期になると半分ぐらいに激減する。それに比し、減るどころか出穂後も茎数が増えている。それは、1本の太い茎の株元から2本の茎が枝分かれしているためである。

④直下根型の稲に

稲は七葉の青年期以降は生理的に、太い直下根を伸ばすようになります。この時期に深水管理すると分けつは抑制されますが、背丈が高く大柄に育ち、それに対応して直下根も太く深く張ることはよく知られています。コイを入れると、新しい柔らかい上根がコイに食べられ、物理的に切られるので、直下根の多い稲になります。

⑤茎数増加を促進

稲は上根を切られることを刺激剤にして、分けつ力を強めるように見えます。大柄で茎葉の堅い稲に育つだけでなく、茎数もむしろ増えます。図1は「二毛作田」（レンゲ不耕起田）の育ちと比較したものです。深水にもかかわらず、茎数増加が対照区よりもスムースに進むことを裏書きしています。

⑥葉イモチ病、ドロオイムシ、イネミズゾウムシの被害は減少

葉色はよく、分けつが順調に進んでいることは、窒素が十分に供給されていることを裏書きしてい

るのに、③の効果でケイ酸が効いて茎葉が堅くなるためか、葉イモチ病はほとんど出ませんでした。ドロオイムシやイネミズゾウムシの被害もほとんど問題にならないのは、魚が捕食するためではないでしょうか？　中国の文献には「水田害虫のボウフラ・ウンカ・ズイムシ・ハムシは魚に食べられ、虫害は減る」と記されています。

⑦有機物の分解を促進し、肥沃化

各種の水中粗大有機物はコイによっていったん消化され、砕かれます。その一部は水に浮き、残りは糞便になって好気性微生物のプランクトンなどの餌になり、土壌に吸着されるので流亡しにくく、保肥効果を高めます。

⑧稲の株元が掘られ、野生のカモなどを呼び込む

コイは圃場を回遊する際に、とくに溝の周りの株元を掘り、グラグラにし、極端な場合には株ごと水面に浮かす場合もあります。このようにして根をやられ、株元をグラグラにされると、出穂してから倒伏します。コイはごわごわの大きい茎葉や太い根は食べてはいないようですが、新芽や柔らかい新根は食べている形跡があります。コイの回遊する時期になってからでは、補植しても活着する前に浮かされてしまうことがあります。また夜、魚を狙って野ガモなどが飛来し、稲を押し倒したり茎葉を折ったりします。このようにコイの悪い効果も無視できませんが、総じて好ましい効果のほうがはるかに大きいという実感です。

2 幼穂形成期（一三～一五葉期）の育ちへの影響

出穂の一カ月前ごろから、分けつは鈍り始めます。周りの圃場では、中干しで葉色をいったん極端に落とし、出穂の二週間前ごろにもう一度水を入れて、穂肥を打っています。疎植の養魚水田では、出穂の一カ月前はまだ茎数は目標の半分以下で、分けつを促しながら幼穂を大きく育てる大切な時期なので、存分に養分を吸収させ、茎数増を盛んにするように管理します。

稲はある日突然「栄養生長」から「生殖生長」に転化するわけではなく、両者が共存しながら徐々に生殖生長が優勢になっていくのです。この時期になると、登熟に関係する真打ちの一三・一四葉、止め葉の一五葉が次々に登場するとともに、幼穂が日に日に大きくなり始め、地上に上がり始めます。それに対応して、根も太い直下根から徐々に細い上根をびっしり張るようになります。

そこで、深水に蓄えられている養分を有効に活かすために、一五㎝以上の深水を一週間に五㎝ぐらいずつ浅くしますが、水を流さずに、茎葉から蒸散させるのと地下に透水させる分で減らすことが肝要。梅雨明けの気温の上がる時期に落水すると、深水の生き物は屍となり、速やかに分解されて上根から吸収されるので、追肥したように葉色がよくなります。

稲刈り直前まで深水を張り、魚を放流したままだと、肝心の上根をコイに食べられるので、出穂の二週間ぐらい前にいったん放水状態にし、コイを深い溝からあらかじめ用意してある池に追い込みます。その準備がない場合には、水を落とし、深溝に集まるコイを捕獲せねばなりません。溝の水を強く

よく育った養魚田の稲と、大きくなったコイ

掻き混ぜるだけで酸欠になり、コイはいっせいに鼻上げするので、タモですくえば簡単に捕獲できます。

幼穂形成期へのコイ効果は、以下のとおりです。

①株と株の間の土は雑草のないとろとろの処女地

水を落とすと、雑草という雑草は完全になくなっていることはすでに述べたとおりで、表土はとろとろになっています。化学的には還元状態から酸化的になり、有機態の窒素だけでなく各種の養分がいっせいに吸収されやすくなり、そこへ上根は勢いよく張って養分を吸収する態勢に入ります。

②深水を徐々に落とすだけで分けつを促進

一般的に深水は分けつを抑制しますが、それを解除し浅くすると、抑制されていた分けつを取り戻すように促進されます。コイを入れると、とくに顕著に茎数が増えるのは、①の効果も加味されるためでしょう。

図2　養魚田とレンゲ不耕起田の背丈の伸び

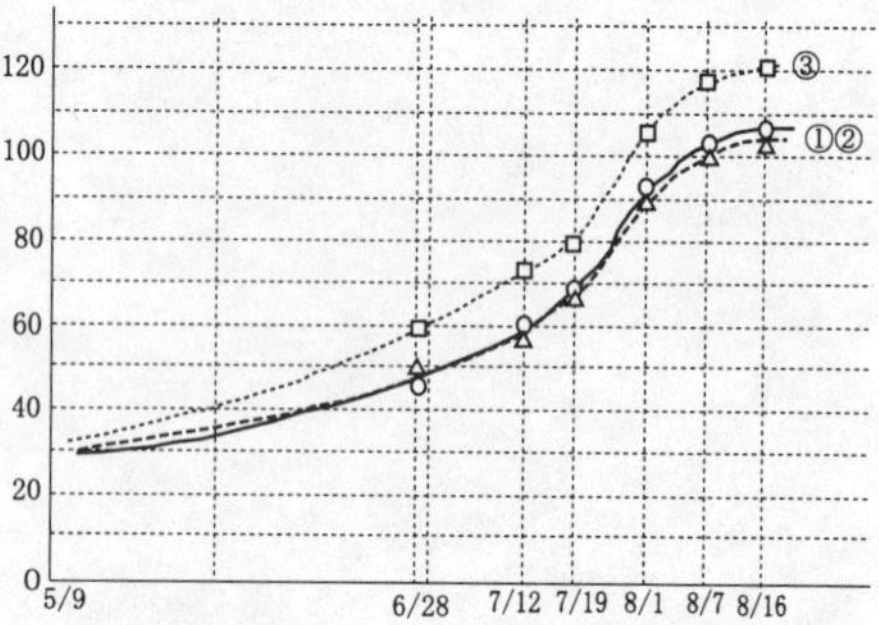

（注）いずれもコシヒカリで、10株の平均値。①はレンゲ不耕起田、レンゲをかけ流し肥料分の少ない5㎝の浅水区。②はレンゲ不耕起田、レンゲ肥料の多かった15㎝の深水区。③は養魚田で、田植え2週間後から常時15～20㎝の深水区。

③太い茎に大きな穂

周りのコシヒカリの背丈は低く八〇～九〇㎝、一穂粒数も一〇〇粒以下なのに、疎植一本植えの深水栽培の稲は上位四葉は大きく伸びて、図2に示すように背丈は一二〇㎝ぐらいに、止め葉は直立して天を突いて健康的であり、主茎の一穂粒数は一八〇～二〇〇粒ぐらい、平均で一二〇～一三〇粒ぐらいの大きな穂が実ります。

④出穂後でも茎数の増加？

一般の稲は、最高分けつ期には一株が四〇本以上の茎数になるのに、最終的には二〇本そこそこに激減するのが普通です。養魚田では、それに比し、ほとんどすべての茎は有効分けつなので、出穂してからも一〇八ページの図1に示すように茎数が逆に増えています。よく調べてみると、株元から分けつして増えているのではなく、太い茎から枝分かれして上で二本の穂になっているものもあります。その遅れ穂は七〇～八〇粒の小穂ですが、登熟は悪くありませんでした。

⑤穂首イモチ病

九二年はほとんど見かけませんでした。幼穂形成期に葉色がほとんど落ちず、出穂しているのは、窒素が十分効いている証拠なのに、穂首イモチ病がまったく気にならなかったのは、天候のせいなのか、それともケイ酸分を十分吸って丈夫な稲に育ったせいなのかは、即断できません。ぜひ九三年は、それぞれの圃場でしっかり検証してほしいものです。

3　登熟期あるいは壮年期（出穂〜稲刈り）

出穂期以降はひたひた水程度の浅水で過ごし、出穂の一〇日後くらいから完全に水を切り、それ以降は自然の降雨に任せ、ゆっくり干すようにします。

このようにして育てた稲は根が深く張っていることは、すでに強調したとおりです。土の表面は乾いても、地下の深いところから栄養を吸い上げる力があるので葉色がなかなか抜けないことが大きな特色で、それが大きな穂にもかかわらず登熟歩合がよくなる条件ではないでしょうか？

秋勝り稲の登熟歩合を上げるためには、稲刈りは周りよりも一週間以上も遅らせ、胴張りをよくすることが必要です。実際、稲刈り間際になっても多くの根は生きていて、一本の茎を見ると上位四〜五葉は枯れ上がらずに、少なくても上位三枚は青さが残り、ぴんぴんしています。穂を大きくつくると登熟が悪くなると言われていますが、このように育てた稲は、モミは充実し、胴張りはよく、登熟歩合は八五％ぐらいはあります。

農薬を一切使わなくても、出穂期にカメ虫に噛まれ、玄米が着色する被害を受けたことは、ほとんどありません。なぜなのでしょうか？

以上、疎植一本植え深水栽培圃場のコイ効果について、あえて誇張ぎみ？に論じてみました。もちろん、昨年〔九二年〕の栽培法がベストであるとは思っていません。それぞれの自然条件を活かして、今年あなたの圃場ではどんなつくり方をされるのか、その成果がどうなるか、楽しみです。その体験に照らし、もし誤りがあれば、ぜひご指摘ください。

『水田養魚通信2』私家版、一九九三年六月一八日（字句訂正六月二五日）

第6章　二一世紀を生きる稲作——環境を保全する田舎路線の展望

1　農薬の使用量を二〇〇〇年までに現在の一〇%以下に

ヨーロッパでは、近代農業こそが環境を破壊していると一般に認識されている。大規模な工業的な畑作では、化学肥料・農薬を投入した結果、穀物が過剰生産され、輸出補助金を出しても在庫を処分せざるを得なくなっている。一方では、地力を収奪し、残留農薬や硝酸態窒素で環境が汚染されているので、農業は環境破壊に荷担しているという共通認識が生まれたものである。そこから、環境を守るために、過剰投入型の農業を反省し、環境保全を前提とする施策が追求されるようになっているのだ。

一方、水田では連作障害は目立たず、自然のダムの機能を果たし、水土を保全しているので、環境破壊的性格はあまり問題にされてきていない。しかしながら、近代稲作では伝統的稲作と違って保水機能は損なわれている。化学肥料・農薬を多投しているので水汚染は酷く、田圃にトンボの幼虫は棲めず、魚も著しく少なくなり、奇形が発生し、環境保全的であるとは言えなくなった。

そのような農業を問い直すなかから、日本でも有機農業が広がってきた。しかし、環境保全型のシナリオを目指すとしても、明日から全農家が全面的に転換することはできない。ではいったい、農薬使用の削減をどのように進めるか？

その具体案として、中島紀一氏は、『農産物の安全性と生協産直への期待』（コープブックレット19、日本生活協同組合連合会）で「農家・集団レベル」と「地域・国レベル」に分けて「農薬削減への四つのシナリオ」を示している。そのなかで、短期的には農薬半減を、中長期的に農薬の使用量を「一〇分の一に削減」か「ゼロ削減」を目指す路線を提起している。中島氏の提起はすべての農作物についてであるが、稲作だけに限るなら、果樹（リンゴやナシ）に比べ、はるかにやさしい。

先進的な有機農業推進農家は率先して無化学肥料・無農薬の有機農業・自然農法を追求してきた。「もう一つの田圃」でも、その一環としてこれからも推進していきたい。

他方、一般の農家に向かって明日から無農薬を目指せとは言えない。しかし、井原豊氏（兵庫県）の「への字型の低農薬稲作」や宇根豊氏らの「減農薬」の運動経験に学び、段階的に化学肥料・農薬を減らしていくことを勧めることはできる。

このようにして、全体として環境に優しい「もう一つの稲作」を追求していくなら、国民の支持によって輸入米を阻止する市街戦を闘い抜けるかもしれない。

2　食料安全保障路線の堅持の必要性

日本は石油をアラブ（諸国）に大きく依存しているために、〝九〇億ドル〟の資金協力を強要された苦い経験を持っている。将来タイなどから全量を輸入に仰ぐ事態を想定してみよう。この伝でいくと、もしタイで内戦が起こるなら、米を確保するために日本はタイへ出兵し、参戦しなければならなくなる。そのような事態を避けるためにも、主食の完全自給体制を失うべきではない。

とりわけ米はアジア人の主食である。〔中略〕アジアで不幸な事態が発生し、米不足の事態に見舞われても、米輸入の余力はどこにもない。「自由貿易論」は〝国境の存在を無視〟した〝幻想論〟にすぎない。いざとなれば、主食を自給することは日本人にとって「安い高い」の次元を超える死活問題になるからだ。

ポストハーベスト農薬漬けの米を無理やり押し売りされても、それすら拒否できないのが日本国だ。だから、消費者は手をこまねいて胃袋を国に任せておける事態ではないことを自覚し、一人一人が明日のために食の根拠地を確保する実践を早急に始める必要がある。すでに強調したように、田舎には担い手がいないために田圃は櫛の歯が抜けるようにぼろぼろであり、それを狙ってアグリビジネスが参入し始めている。危機であるからこそ、エコロジー派は率先して農の世界に参入し、食の自給運動を展開するチャンスなのである。

3　山間僻地の谷津田を守れる「施策」が不可欠

エコロジー派が率先して参入すべきは山間部の谷津田である。生産性が低いために真っ先に放置され、そこに目をつけてゴルフ場などのリゾート開発を狙っているからである。谷津田は自然の景観を保持し、雨水を貯水し、水土保全の社会的役割を果たしているが、トラクターやコンバインは入れないから、生産性は平地にはとうてい及ばない。経済競争では、「優勝劣敗」の法則で勝ち目はない。即時的な経済性だけで割り切ると「劣等地域」だからこそ、谷津田を守る施策がいまこそ不可欠である。ECの共通農業政策に学び、「山岳・過疎の農業条件の劣等地域政策」のような所得保証政策を日本でも採用すべきである。

都会で定年を迎え、老後にもう一つの生きがいを求めている人びとは、ますます増えている。そのような老後の生活に生きがいを模索している人びとのために、国は谷津田への参入を促す施策を積極的に打ち出すべきである。そのような前向きの新しい福祉政策が、いま求められている。

4　生き物との共生を目指し、有機稲作の復活

昔の田圃は単に米をつくる場ではなく、土壌微生物やミミズなどの小動物の宝庫でもあった。それを餌にして自然に川エビ・タニシ・ドジョウ・コイ・フナなどがわき、トンボの幼虫のヤゴやホタルが育つ。裏作で麦類や菜種・レンゲ草などを生産する場にもなり得る。春先に一面に黄色く咲いた菜の花、蜜蜂の群れるレンゲ草の紫の花畑は、心を和ませてくれる。その「潜在的豊かさ」を開花させることも、これからの課題ではないのか。

有機農業の田圃では、除草剤を使わなくてすむアイガモやコイによる生態的な除草方法が最近にわかに脚光を浴びている。動物たちは単なる除草の手段として飼われているのではなく、その飼い方の

田植えを楽しみにしている都市住民は多い

なかにこそ本来の畜産・養殖の原点がある。「養殖田」では、来年〔九二年〕からぜひドジョウ・フナ・コイ・タニシなどを飼ってみたい。そもそも田圃とは単なる米を生産するところでなく、健康な生き物たちが群れ、生活を豊かにしてくれる場のはず。そのような複合的機能こそ、本来の田圃の意味でもあるからだ。

5　自然と共生する村おこし

一方、都市住民は本来の自然からますます疎外されていく。彼らは都市で鬱積するストレスを晴らす場を求めている。それが最近の「田舎暮し」ブームの原点である。都会の子どもは本当の自然に飢えているが、田植えや稲刈りに来れば自然の豊かさに魅せられ、小川のメダカ・フナ・ザリガニの虜《とりこ》になる。都市の子どもにとっての第二の故郷は、こうして誕生する。そこにこそ、ロマンのある故郷の原点がある。

村おこし、それは「一村一品運動」のような商売次元でとらえるべきものではない。農を生きる人びとの目と心の輝きが生活に反映され、生き生きした生活が都市生活者の心をとらえるとき、両者の「本当の提携」は可能になる。

もう一つの田圃では、都市人間の週末百姓による食料自給運動を目指したい。二一世紀を生きる稲作は多様であり、効率原理を追求する専業のプロだけで担いきることはできない。都市人間にとって、騒々しい都会生活を離れ、田圃で田植え・稲刈りすることは、米の生産のためだけでなく「命の洗濯」になる、またとない機会である。

『もう一つの田圃91-(6)』私家版、一九九一年一一月八日

第7章　さあ大豆を播こう

1　遺伝子操作されたアメリカ産大豆が私たちの食卓を占拠

昔の日本の田んぼでは、畔に大豆を植えていました。一九五五年の大豆の生産量は五〇万七〇〇〇トン（自給率四〇％）でしたが、農業の近代化によって九六年の生産量はわずか一四万八〇〇〇トン（自給率三％）に激減しました。かつては輸入のトップは中国でしたが、今日ではアメリカ産三九三万トン（全体の約八〇％）、ブラジル産三八万トンで、中国産はわずか一六万トンに激減していますす。つまり、サラダ油の原料、飼料原料の大豆粕はもちろん、豆腐や納豆の原料の大部分がアメリカ産になったのです。

スーパーなどには、「無農薬有機大豆」とか「国産大豆」「オーガニック大豆」などの豆腐、納豆が目につきますが、その表示は信用できません。日本豆腐協会は「国産大豆の使用量が五〇％以上あれば、国産大豆使用と表示できる」という自主基準を決めているから、消費者が「国産大豆」の豆腐を買おうとしても、原料の半分は輸入大豆が入っている可能性があるからです（二〇〇〇年四月から一〇〇％でなければ表示できなくなった）。「有機大豆」なら大丈夫なのでしょうか。「有機」「オーガニック」

と認証されていれば、国際的には遺伝子組み換えされていないことになっています。が、協会の基準に準ずるなら、一般の大豆が混入されていることになりかねません。

遺伝子組み換えとは、「種の壁」を越えて微生物や動物の遺伝子を植物に組み込む技術です。除草剤ラウンドアップを生産するモンサント社は、バイオ技術によって除草剤をかけても枯れない耐性大豆、ラウンドアップ・レディを開発しました。省力化が可能なためにアメリカの大規模農家で広がり、全米の大豆総栽培面積の九七年には一四%、九八年に三五%に増え、九九年には五二%に爆発的に増える勢いだというのです。

遺伝子操作大豆は伝統的に食べてきた大豆と「実質的に同等」と言われても、私は安心して食べる気になれません。第一に、アレルギーなど安全性に問題があるから。第二に、植物が大きくなってから除草剤を撒くため大豆に除草剤が残留し、その農薬はマウスに発ガン性があるから。第三に、ホルモン作用を狂わせる植物エストロゲンが増えるから。第四に、将来的に除草剤耐性の雑草が増え、除草剤の種類と使用量が増えることが心配されるからです。

その輸入大豆に、国民の不安が高まり、一〇〇〇余の自治体が「表示要求」をしていますが、いまだに国はそれに応えてくれません〔二〇〇一年四月から部分的な表示が始まった〕。消費者は「遺伝子組み換えフリー」の食品を選ぶか、有機とかオーガニック表示の商品を選ぶ以外にありません。そこで、生活クラブ生協や大地を守る会などは、商品に遺伝子組み換え作物を含んではいないという原料表示を自主的に行っています。

2　自給にふさわしい大豆の品種

大豆のルーツは中国で、弥生時代に日本に伝わったとされ、今世紀前半まではアジアでだけ栽培され、貴重なタンパク源とされてきました。その大豆がアメリカに渡り、機械化に向く、側枝がなくて油脂分の多い品種に改良され、搾り粕は家畜飼料にされてきました。アメリカ人は大豆を直接食べる食習慣がないからです。したがって、アメリカ産大豆は油脂分が多くてタンパク質が少なく、国産大豆のようなおいしさは期待できません。

自給用の小面積なら、大豆は栽培のむずかしい作目ではありません。おいしい大豆を自ら栽培し、安心して食べるぜいたくを味わいましょう。

アメリカ産は黄色い大豆ですが、日本の大豆は外観から①大粒黒豆（丹波）、②濃い青（緑）大豆、③緑豆と黄色大豆の自然交配した薄緑の在来大豆、④黄色い標準大豆、⑤小粒大豆に大別できます。

①の黒豆は丹波の黒豆に象徴され、煮豆にすると格別風味があります。房と粒が大きいだけでなく、丈が高く、茎も太く、大柄です。梅雨入りしたら一株一本植えの薄播きにし、上に伸びすぎないうちに摘芯すると、側枝が伸び、房が増え、増収します。

②の緑豆の系統は一般に、標準大豆よりも甘みと風味があって食味がよく、丈が高く、側枝が多くて、機械化に向かず、収量も黄色い標準大豆より少ないのが普通です。

③は薄緑色をした黄色と緑色の交配した大豆で、地域で在来種として受け継がれてきた品種（青御

前、小糸在来）です。標準大豆よりも味がよく、収量もほどほどです。
④の黄色い大豆は収量が多く、伝統的食文化の柱となってきました。地域ごとに奨励品種があり、関東ではエンレイ、タチナガハなどが広く栽培され、味噌や醤油の原料などに向いています。
納豆用には、一般に⑤の小粒大豆が用いられます。好気発酵する納豆菌は大豆表面から増えるので、表面積が大きいほうがつくりやすいからでしょう。粒が小さいだけでなく、丈も葉も小柄です。

大豆は自家受粉作物なので、緑豆と黄色い大豆を並べて栽培しても普通は交雑しません。自家採種は容易です。家庭菜園などで大豆を楽しもうと思うなら、食味のよい煮豆に合う大粒黒豆、薄緑大豆を中心に選びたいものです。

3　栽培方法——苗づくり・中耕除草・土寄せ

大豆は夏から秋にかけて生育する作物で、連作を嫌います。イネ科作物の後作などに向いているので、麦作後や、減反せずに水田で作付けしてほしいものです。

大豆は根に共生する根粒菌が空気中の窒素を固定し、土をふかふかにし、土壌の団粒化を促してくれます。窒素肥料の多投は控えねばいけませんが、低窒素の有機物は微生物の発育と根の発達に役立ちますし、保水性の改善にもつながります。カリ分の補給のために木灰は有効で、増収につながります。

播種期は、早生、中生、晩生に分かれます。関東では枝豆用には夏大豆を早播きすれば、暑いときにビールのつまみになりますが、一般には夏から秋にかけての中生大豆が無難でしょう。六月中・下旬が適期で、晩生種は七月初旬までに播種するのが普通です。

播く際にもっとも注意を要するのは、出芽直後、子葉が開きかけたときに山鳩にやられないようにする点です。播種したら直ちに防鳥糸や鳥追いテープを張るのも一つの方法ですが、確実に防ぐ手立ては、苗箱などに播種したら直ちに寒冷紗などで覆い、本葉一〜二葉期になってから本畑に移植する方法です。その際、興味深い苗づくりは、コンクリートの上に直接種を播き、低窒素の堆肥などで覆土するやり方です。このようにすると、主根が横に曲げられ、側根も平らに広がります。そのような苗を移植すると、丈が低くがっちりし、側枝が多くなり、倒れにくくなります。

播種して一週間後には発芽し、幼根が伸び出し、まず子葉が開き、それから二枚の初生葉が出ます。この時期は雑草の伸びも激しい時期です。そこで、中耕除草をかねて子葉が隠れるぐらいに土寄せすると、株元がしっかりし、倒伏しにくくなります。

あなたも自家用に安全な大豆をつくり、それで豆腐や味噌づくりに挑戦してみませんか。

『田舎暮らしの本』一九九九年九月号

第Ⅲ部　近代畜産から有機畜産へ

第1章 近代畜産の技術

1 近代畜産の技術――いっさいの有機的関係を剝奪する

牛乳、肉牛、ブタ、ブロイラー、卵を概括していう場合に〝近代畜産〟という言葉を使います。もう少し正確に述べますと、たとえばブロイラーならば、全部がぜんぶ真っ暗なところで飼われているわけではないけれども、今日の畜産技術ではそういう性質の技術が主流ですから、畜産業の全体を近代畜産と概括することができるのです。

ところでこれらの技術は、どういう構造からできあがっているのでしょうか。もともと畜産動物は、自然に、土に足をつけて生活していたのですが、土に足をつけていることは、近代畜産の考えでは好ましくない。なぜなら、足を土につけていると天候に左右されます。人間と同じように動物も、雨が続いてジメジメすると病気になりやすい。したがって自然環境との関係をできるだけ断ち切ることが、もっとも理想的であると考えるわけです。

この関係ということを考えてみましょう。むかしならば人と人との間でも、寺子屋教育にみられるようなスキンシップの関係があったし、人間と動物との間にも、もとからの一体感がありました。それが近代畜産のなかで、たとえば一人で一〇万羽のニワトリを飼うというようなかたちになれば、とうてい一羽一羽みているわけにはゆかず、一体感などあるはずがありません。個々の個体に目が届かないから、セットとして、マスとして見ることになります。だから、一羽が病気にかかれば全部に移るかもしれないので、全部をワンセットで治療するといったことしかできないのです。そういう意味で、一対一の対応関係は完全に断ち切れています。

それから、先ほど述べた土との関係にしてもそうです。土との関係、自然、環境との関係です。畜産動物といっても、もとはといえば野生だったのです。

たとえばニワトリはキジの仲間でしょうが、家畜化してからの歴史が長く、野生的要素はほとんど失っているかのようでも、放ち飼いにしてやると、いつの間にか木の上にとまるようになります。そういうもともとの習性を想い出してか、それに帰るきざしを見せます。また、一年に三〇〇個の卵を産むいまのニワトリも、春しか卵を産まなくなるというふうにだんだん変わってゆきます。人間はニワトリを産卵機械として改良してきたけれども、ニワトリは産卵機械になりきれるものではないということです。当たり前のことですが、季節、環境の影響を受けるのです。

なぜ春しか卵を産まないのでしょうか。そもそも卵を産むということは、ニワトリにしてみればお産をすることです。そのお産にいちばん適した季節、つまり気温そのほかでいちばんふ化しやすく育てやすい季節が春です。年がら年中みさかいなく産んでいるわけではありません。ところが、人間は年がら年中産ませて食べてやろうと、虫のいいことを考える。そして、品種改良をしますが、やはりもともとの血は争えないもので、春先はよく卵を産むけれども、夏から秋にかけては自然に換羽して産卵率が落ちる。日照時間が短くなるにつれて産卵をやめ、皮下脂肪を蓄積し、寒さに備える習性をもっています。また、換羽して若がえる習性もあります。つまり環境との相互作用で、家畜の習性はできてきたのです。しかし、近代畜産はそれでは困るわけで、環境がどうあろうと、つねにコンスタントに一定の成果をあげてくれなくては――と考えるわけです。

そのためには、環境に左右されたのではまずいのです。関係があることそれ自体が好ましくないのです。ここで環境というのは、天候とか土とか、もろもろの条件です。これらのものと有機的に関係しているかぎり、生きものが生きものらしくなってしまって人間の思い通りにならない。これをなんとかして人間の思い通りになるように、有機的関係を破壊して、画一的な条件の下において制御しようと思いついたとき、そこにはじめて近代畜産の発想が生まれてくるのです。

近代畜産の構造はこうして出てくるのですが、これは近代農業についてもまったく同じことがいえます。共通しているのは、工業の論理です。

人間でも一日中家の中に閉じこもってしゃべらないと、たまには大声をあげたくなり、山や海に出かけたい衝動にかられますが、生きものというものはどんな生きものでも、こういう自然、土、四季との有機的な関係が伴ってあるものです。

この関係を切断されたり禁止されたりすると、ストレスがたまってくる。たまってくると、人間なら殴ったりすることにもなりますが、家畜の場合も、仲間をかむとか、つっつくとかいうことになるわけです。それをあらかじめ防ぐために、人間が家畜に先行的に暴力を加えて、彼らの自己表現の最終的な手段ともいうべき暴力装置を全部はずしていく。たとえばニワトリなら、くちばしを切除する

（これをデ・ビーキングといいます）。家畜の生理的本能を人間が暴力で圧殺する。これが人間にとってもっとも好都合な方法だというわけです。

環境との相互作用といいましたが、このなかにはエサも含まれます。人間の食べものでも「旬《しゅん》の食べものがよい」といいますが、家畜も年がら年中同じものを食べていたのではなくて、明らかに四季の変化に応じて、そこにあるものとの対応関係で食べていたのです。そういう意味ではエサも、自然環境と人間との相互作用の産物です。ところが、近代畜産は旬などぜんぜん無視して、年がら年中同じものを食べさせるのです。

余談ですが、河内省一医師はビタミンB_{17}に著しい制ガン効果があると発表しています。ところで、野草にはこのビタミンB_{17}がたくさん含まれていますし、遺伝毒性を消す成分も含まれています。自然環境との有機的関係のなかで飼われている場合、家畜は野草を食べ、さらにその土地で穫れた米ヌカやフスマなども必要なだけ食べますから、B_{17}はもちろんB_{15}やその他〝未知成長因子〟も摂取できます。こうして家畜が自分の健康に必要なものを摂って育ってくれれば、それらの成分は畜産物の中に含まれ、人間の健康にも役立つのです。

ところが、配合飼料の場合は野草が含まれていませんし、米ヌカやフスマもあまり入っているとはいえません。ですから家畜の健康もおかしくなるし、人間も健康に必要な成分を畜産物から十分には摂ることができないのです。

2 生きものの健康と矛盾する──健康無視の効率主義

ここで飼料栄養学の問題が入ってくるわけです。エサの袋にTDNとかDCPと書いてありますが、TDNというのは可消化養分総量（Total Digestible Nutrients）のことですし、DCPとあるのは可消化粗蛋白質量（Digestible Crude Protein）のことです。両者はともに可消化量ですから、家畜の消化しうる量ですが、前者はカロリー、熱量ですし、後者は蛋白の中に含まれている窒素分を測って、その量から間接的に大ざっぱにつかんだ蛋白の量です。

TDNから代謝エネルギーが何カロリー、DCPが何gといったふうに標準数値を定め、これに合ったものならばエサとしていいんだと計算でつくりあげたのが、いわゆる配合飼料です。もちろん、こういうものは四季によって若干の補正は必要ですが、基本的には変化させないことによって、効率を最大限にまでもっていこうとするのが、工業の特徴のひとつです。

たとえば雨が降ると、下がしめって泥んこになる。つまり環境が変化する。人間でも季節の変わり目にからだが悪くなることがありますが、家畜の場合も同じで、気候が変化したときにはだいたいおかしくなる。環境が変わると、病気が一般に増える。そういうことが起こらないように全部密室の中に入れてしまうのが、近代畜産では理想とされます。

しかしながら、生きものというのは非常に厄介なもので、それではからだがもたない。環境との相互作用がなければ、実は健康とか丈夫さとかを獲得できないのです。環境との相互作用、変化がないということは、安全でいちばんいいようだけれども、一見安全なそのこと自体が、生きものを丈夫にする機会を奪ってしまう。病気をしないようにするには囲ってやればよいようでも、囲ってやると結局は虚弱化するのです。

この虚弱化するということは、かなり本質的な問題だろうと思います。つまり、今日の畜産の構造の下では、生きものが本来もつべき健康を獲得できないので、病気にしないために〝薬づけ〟にするわけです。したがって、〝薬づけ〟は原因ではなくて結果なのです。

要するに近代畜産は、環境とのいっさいの関係を断ち切って、家畜を工業化する。そのことは、しかし、生きものの健康と根本から矛盾する。人間でも、子どもを可愛がるあまり、家から出さず、けんかもさせないという育て方をすると、お坊っちゃんや箱入り娘になってしまって、世の中にぜんぜん適応できなくなる。これと同じことが、家畜の場合はもっと極端なかたちで行われているわけです。

そして、ある種類のニワトリは卵を産むためだけ、また別の種類のニワトリは肉にするためにだけ飼われて、それ以外のいっさいのはたらきを奪われる、ゆがめられる。このアンバランスが奇形となって、姿かたちに現れてくるのです。

この工業化の論理は、どういう方向に進んでいくのでしょうか。これには二つの方向があります。一つは、無理を承知のうえで、いろいろな矛盾には目をつぶって、〝如何にして大きくするか〟だけを考える方向です。ブタやブロイラーの場合です。では、もう一つの方向は？

3　石油タンパクとは——近代畜産の到達点

石油タンパクをめざす方向、これがもう一つです。大きな家畜動物を飼うのは問題が多いから、微生物を飼おうという話です。では、この微生物の特徴をみてみましょう。

〔ブロイラーの場合〕、産まれたてのヒナが七〇日で七〇倍以上になるのですから、すごいと思うでしょうが、微生物は一晩で七〇倍になるのです。驚異的な増殖速度です。また、微生物の菌体にはいろいろなバクテリアや酵母がありますが、その蛋白質のアミノ酸組成をみると、動物のそれとあまり変わりません。カロリーもあれば、蛋白質も含まれているし、ビタミンやミネラルもかなりバランスよく入っているのです。そこで、これらの菌体を食べることができれば効率のいい食糧生産になるであろうという発想が出てくるわけです。

今日の石油タンパクの技術は、カロリー源に石油を使います。石油に含まれるいろいろな成分のうち、一般にはノルマル・パラフィンという成分を使います。これは分子構造からいうと、ヒモのようなものです。炭素が鎖状になって一三とか一八つながり、それに水素がくっついていて、単純な構造です。これがたとえば、かなり長い鎖になってきて、ポリエチレンといわれる白い乳白状のプラスチックになります。それを短く切った形のものが、ノルマル・パラフィンの分子構造です。この物質は一見して真っ直ぐなヒモですから、むかしは安全なプラスチックと考えられていたのですが、素人は「プラスチックだから危ない」と疑った。その辺はどうも、素人のほうが正しい直感をしているようです。

原油を加熱すると、気化（蒸発）する順に中の成分が分離して出てきます。もっとも分子量の小さいのがナフサで、そのあと灯油、軽油、重油と、沸点のちがいで分けられます。そのうち、非常に低分子でプラスチックの原料となるナフサと、次の灯油に移る境に出てくるのが、ノルマル・パラフィンです。これを一部の微生物がよろこんで食べる。それがいわゆるキャンディダ属の酵母菌です。

ところで、このノルマル・パラフィンの中には炭素と水素しかない。しかし、生きもののからだは、炭素と水素だけで成り立っているわけではありません。ミネラル類のリン酸とかカリとかマグネシウムとかが必要です。それで、これらはふつう化学肥料などでまかないます。また、ノルマル・パラフィンは油性で水に溶けないので、界面活性剤を入れて混ぜ、酸素を送ってやる。つまり、片方からノルマル・パラフィンと空気を流し、もう一方からはミネラルを投入し、種菌を入れてやり、温度を一定に保ち、あとはpHを調整するだけで、自動的に微生物が増殖するわけです。これが石油タンパクの製造モデルです。

4 初期反対論と開発側の対応──家畜のエサから人間の食料へ

ところで、消費者はノルマル・パラフィンのどこにクレームをつけたのでしょうか。ひとつには、ノルマル・パラフィンは石油である以上、三・四ベンゾピレンという発ガン物質を含んでおり、したがって危険であるということです。この安全性が問われて、石油タンパクはいったん後退します。一九七〇年のことです。

このときはこれでひっこめたからいいようなものの、この話はあまり科学的ではありません。ノルマル・パラフィンはヒモ状ですが、三・四ベンゾピレンは、ベンゼン核が五つもある化学物質で、主に重油の中に含まれており、ノルマル・パラフィンの中には比較的少ない。そして分子篩《ふるい》にかけると、ノルマル・パラフィンはその篩の目を通るけれども、三・四ベンゾピレンは通れないから、そういう技術によって簡単に三・四ベンゾピレンをほとんど含まないノルマル・パラフィンを入手できる。したがって、三・四ベンゾピレンの含有を石油タンパク反対の理由にあげたのは、あまり有効ではなかったと思われます……。

それに三・四ベンゾピレンの問題に対しては、開発論者はちゃんと対応していて、分子篩の技術に言及するだけでなく、「メタンガスからも作れる、だから石油タンパクではない」とも主張しています。メタンガスからメタノール（メチルアルコール）を合成します。ノルマル・パラフィンのかわりに、このメタノールを使うわけです。そして、天然ガスから作るのだから、石油タンパクではないというわけです。

もともと石油タンパクは、英語ではPetroproteinですから、石油タンパクと訳すのはきわめて自然です。Petro-はPetroleumですから、これは〝石油〟です。ところが、開発側は「石油タンパクの〝石油〟にひっかかって、消費者が騒いだのだ。これは名前が悪い」と反省したようで、あらたに言い出してきたのが、ＳＣＰ（Single Cell Protein＝単細胞タンパク）という言い方です。

どう呼ぶにせよ、この手の一連のものは、ノルマル・パラフィンを使わなくても、メタンから作れる、もともとの原料が石油ではないのだから、三・四ベンゾピレンが混入する心配はない、という論理が、今日ではかなりの説得力をもって主張されています。三・四ベンゾピレンだから危ないという指摘は、したがってこの点からも説得力が少々弱くなります。

そこでホントのところはどうかということになります。

まずノルマル・パラフィンはというと、ノルマル・パラフィンを食べる微生物は、ノルマル・パラフィンの中につかっておりますから、微生物菌体をいくら洗ってみても、ノルマル・パラフィンはくっついているわけです。そこで、ノルマル・パラフィンが残っていて、いいのかわるいのかということになります。これは非常にわかりにくい。

わかりにくいけれども、ただ考えられることは、微生物菌体に簡単に取りこまれることからみて、非常に反応性の高いものだということがいえます。むかしはわりあい安定なものだと考えられていたけれども、どうもそうではなさそうです。これは、リニア・アルキル・ベンゼンスルフォン酸塩のLAS、つまり合成洗剤を合成する原料ですから、合成洗剤になったり、塩素化すると塩化パラフィンになったり、石油タンパクになったりする、そういう代物なのです。

次に、このノルマル・パラフィンをカロリー源として増殖する微生物はどうでしょうか。微生物タンパク＝石油タンパクは、見た目にはキナ粉のようなもので、もちろんいったん化けていますから、人間の鼻には石油くさくありません。外見的にはどうということはないのですが、内容に問題がないわけではありません。

そこでどうするかというと、脱核酸という技術で処理するわけです。核酸の中には、お米でいうと胚芽の部分に相当するものがあります。今日の胚芽の中には水銀が含まれているとかいうけれども、栄養がいっぱいある。それと同じように、核酸の中にはいろいろな栄養素があるわけで、たとえば化学調味料のもとになるイノシン酸が含まれていますが、それが多すぎるなど、さまざまな問題が起こってくる。それでいったん殻を壊して、脱核酸して中に含まれた栄養分を消化しやすくしたうえで、それをたとえばビスケット状に小麦粉と混ぜて成形するのです。このビスケットを子どもに食べさせたら、非常においしかったという報告もすでにあります。

こうして食品になるのです。実験は家畜を対象とするにしても、せっかくの蛋白なのだから、このまま人間が食べればよいというのが、開発論者の本心でしょう。それでいいのでしょうか。

5 〝食糧危機〟と世界の動向――名前をかえて再登場

国連にはかつて蛋白諮問委員会（ＰＡＧ）がありました。また国連大学にも、アジアやアフリカなど低開発国の飢えをどうするかと、まじめに考えている人たちがいます。こういう人たちには、とりわけ栄養学者などが多いのですが、彼らは近代栄養学にのっとって、だいたい次のように発想するわけです。

「南の人口は飢えている。蛋白質は〇〇g摂らなくてはならないはずなのに、××gしか摂っていない。われわれの半分だから、彼らは飢えている。彼らに必要十分なだけの蛋白質を食べさせるには、いまの家畜数ではとうてい足りない。しかし、足りないからといって家畜をふやせば、人間の食べる穀物ですら足りないおりから、穀物がいっそう不足する。しかも、人口は激増しつつあり、二一世紀を待たずして食糧危機が来る。だから石油タンパクを推進しよう」というのが、彼らの論理です。ですから、「実験は家畜のエサで、本命は人間の食料」というのが、彼らの合い言葉です。

それでは、開発の実態はどの程度まで進んでいるのでしょうか。まず、イタリアの、日本でいえば厚生省にあたるところが、ノルマル・パラフィンの残留性を指摘しております。石油タンパクをエサとしてブタを飼い、解体して調べたところ、ブタの脂肪の部分にノルマル・パラフィンが蓄積されていることがわかった。そういうことが問題になってきて、イギリス最大の石油会社のBP（ブリティッシュ・ペトローリアム）はイタリアで作っていた石油タンパクの会社を引き上げざるをえませんでした。

ところが、PCBを作った日本の鐘淵化学が、日本はうるさいからというので海外を物色していたところ、イタリアから引き合いがあって、工場をイタリアに移してリキ・キミカという合弁会社を作ったには作ったのですけれども、移した機械はいまだに稼動していない。もう四、五年になります。イタリア政府はまだ許可していないのです。

他方、世界の珍味として名高い逸品にソ連のキャビアがありますが、ソ連は石油タンパクから人造キャビアを作りました。これは、七一年の世界石油会議でソ連が発表しています。七七年、微生物タンパクの会議が東京でもたれましたが、その席上、日本の農林省（当時）の加藤清昭氏が、ソ連の学者のレクチュアの後で、「ソ連では生産した石油タンパクのキャビアを食べているのか」と質問しました。ところがソ連の学者は、「天然ものはみんなよろこんで食べるが、石油タンパクのキャビアは不評である」と回答しています。

石油タンパクの開発は、ソ連だけでなく中国やルーマニアなども含めてとくに共産圏の国々が熱心です。世界の現状は、石油タンパク生産の道を急速にひた走っているといえます。つまり近代畜産の到達点は、石油タンパクに象徴されるわけです。いいムードをつくるために次から次へと、微生物タンパクとか発酵タンパクとか、偽名がつくり出されるのです。そして、消費者に向かって、開発側はこう言います。

「納豆だって、みなさん、微生物を発酵させて作るんですヨ。ミソやシュウユやオサケだってそうなんですヨ。微生物発酵というのは、だから、なにもコトアタラシイコトじゃないんですヨ。コワガラナクテモイイのですヨ。エサが石油だからといったって、たいしたことないでショ」と。

そうして石油タンパクの開発はどんどん進められているのです。

6　ニセモノの技術が作るニセモノの食品——家畜も魚もダメにする

ところで肝心の日本ですが、七四年一二月、農林省〔当時〕が特別大型研究の予算をとって、石油タンパクの安全性に関する実験を始めるという情報が私たちの耳に入りました。私たちは「土を活かし、石油タンパクを拒否する会」を作って、反対しました。

何を反対したかというと、安全性に関する研究をやめろと言ったのです。安全性に関する研究というのは、安全であるかどうかを試験して、安全基準を作るということです。しかし、食べる気がなければ、基準など必要ありません。食べよう、利用しようと思うから、基準作りが必要なのです。そこで「もともと食べものでないようなものに、安全もヘッタクレもない。したがって、そういう予算を組むことをやめろ」と主張したわけです。

その際、開発側から言われたことは、「あいつらは非科学的だ」ということです。なるほど、食べない、要らないなどという話は、あまり科学的ではない。しかし、ともかく、石油タンパクをテーマとした研究はしないという約束を、私たちはとりつけました。

国会で野党の追及にあったときにも、彼らは農業廃棄物を利用するタンパクの研究だなどと言って逃げを打ち、結局、研究題目も変えざるをえず、予算は通りはしたものの、内容的には半分流産に近いかたちになったのです。表向きは微生物菌体タンパク一般の安全性の評価基準を研究することになり、石油タンパクは材料にしないことになったのですが、実際にはニワトリやブタなどを使って実験しているのです。

それどころではありません。八〇年一一月三日付の『日本経済新聞』は、次のように報じています。

「農相の諮問機関である農業資材審議会の飼料部会では、すでにSCP実用化のための基準作りに着手しているといわれる。藤巻正生教授（飼料部会委員）は『飼料だけでなく、SCPから純粋にたんぱく質だけを抽出し、さまざまに加工して食品として直接食卓に乗せることを考えてもいい時期だ』という。英国のランクス・ホービス・マクドゥーガル社がテスト販売を始めた糸状菌SCPから作った代用肉は、味、舌ざわりともなかなかのものという評判だ。食料危機解決の幻のエースといわれたSCPも表舞台に出てくる日はそう遠くないようだ」

こういう情勢ですので、私は原則的なことを繰り返し強調したいのです。私たちは石油タンパクが科学的に安全でないからというだけで反対しているのではなくて、むしろ「食べものでないものを食べるのはよそう」と主張しているのです。

単純にいえば、「飢える、飢えるとばかり言っていないで、心配ならとにかく土を耕せばいい。そんなにむずかしい話ではない。また、先進国はお節介をやいて、東南アジアの飢えを救ってやるなんて、エラソウナことをするな。そんなことをやれば、そこの農業はますますダメになる。そこはそこで自活できるようにすべきだ。お米があまっても、海に捨てることはあっても、タダで送ってあげてない。石油タンパクだって、高い金をかけて作ったものを、タダで贈与するわけではないでしょう」ということです。

いま日本は、公害をたれ流しつつ作った工業製品が売れてしようがないほどで、ドルがあまって困っているからその見返りとして、いろいろエサだとかなんだとか買わされるわけです。だから、食べものがいっぱいあって、うまくいっているようにみえるけれど、それがなくなった瞬間、どうなるのでしょうか。一挙に全滅です。ですから、つまらないことをやめて、永続性のある食糧を生産する、つまり、土を耕すことです。

最後にウナギに例をとって、少し具体的な話をします。

ウナギの場合、コイの養殖もそうですが、石油タンパクのエサで養殖すると非常に効率がよいということがわかっています。その理由は正確にはわかりませんが、ウナギやナマズやコイは泥の中にいて、むかしから微生物類をかなり食べてきたからではないでしょうか。おそらくそういうことが関係していると思われます。ただ日本では、石油タンパクは生産していないことになっています。

では、われわれが食べているウナギは全部日本のウナギでしょうか。答えは残念ながら否で、相当量が輸入ものです。台湾から生きたままで、成田に空輸されてくるのです。

このウナギのエサに石油タンパクが使われているのではないかと疑う根拠があります。第一に、このエサの効率が優れているというデータがあります。第二に、台湾では、日本ほど消費者運動が盛んでないために、石油タンパクを禁止させるような運動はありませんし、また事実禁止されておりません。第三に、過去にいっぱい作って倉庫に入れてあるといわれていましたが、それが高い倉庫代を支払ったうえで、いまも倉庫の中にそのまま眠っているかどうか、この辺になると確かめようがないわけですが、企業がそのような損をしているはずがありませんから、台湾に持って行っている可能性があるのではないかと疑っています。

しかも、困ったことに――ウナギが輸送中に互いにすれ合って傷つき、そこから病原菌が入るのを防ぐために――AF2の仲間であるフラゾリドンというニトロフラン剤を、生きたウナギにかけて空輸してくるといわれていますが、これは抗生物質のクロラムフェニコール（クロマイ）などとはちがって、全然味がない。だから、そのようなウナギをそれと知らないで食べている可能性は大きいのではないでしょうか。

では、彼らはウナギのエサにするために、石油タンパクを開発しようとしているのかというと、さにあらずのようです。というのは、開発してもエサでは割に合わない。一見、非常に効率がいいようですが、やはり原価計算すると、かなり高くつくもののようです。室田武氏が『エネルギーとエントロピーの経済学』(東洋経済新報社)の中で指摘しているように、エネルギー収支の観点からみて、非常にムダの多い生産だといえます。

しかも、もう一つ根本的に困ったことには、ニセモノの食品しか作れないことです。石油タンパクなどは、いままでだれも食べたことがない。ですから、「これは石油タンパクのケーキですよ」と言っても、だれもよろこんで食べないわけです。で、ホントのキャビアに似せてニセのキャビアを作り、ホントのビフテキに似せてニセのビフテキを作る。したがって、ニセモノを作るのが石油タンパクの技術だといえます。しかも、これらの合成食品は、合成着色料や合成フレーバーなどの技術とセットにならなければ作れません。

ニセモノの技術が集まってニセモノの食品を合成する、そういうニセモノの〝文化〟の方向をめざして世の中は進んでいるということを、肝に銘ずべきだと思います。

『食べものの条件』績文堂、一九八一年

第2章　O157に負けない有畜農業

1　O157の現代文明への挑戦

抗生物質耐性を獲得しはじめているO157

O157〔O157H7〕は大腸菌の一種です。大腸菌とは長径〇・〇〇二㎜、短径〇・〇〇〇五㎜の楕円形をした菌で、体の周りには長い毛（べん毛）と短い毛（線毛）が生えていて、そのべん毛で自由に動き回り、線毛で対象物に付着することができます。

大腸菌はいろいろの抗原性をもっていることから、病原微生物学では次の二つに分類しています。一つは菌体表面の細胞壁の糖脂質構造による抗原性（O抗原）の違い、もう一つはべん毛部分のタンパク質がもつ抗原性（H抗原）の違いです。O抗原は発見順に分類され、現在までに一八〇種類あり、H抗原に分類されたものは約七〇種類といわれています。したがって、O157とは、O抗原で一五七番目に、H抗原が七番目に見つかった大腸菌という意味であり、名前は直接的に毒性とは関係ありません。つまりO157のなかには、問題のベロ毒素を産生する菌と無毒菌が存在しているのです。ただし本論文では、腸管出血性病原性のある大腸菌のことをO157としています。

ベロ毒素とは、アフリカミドリザルの腎細胞（＝ベロ細胞）を破壊し殺す毒素のことで、赤痢菌から分離された志賀毒素と同類の毒素です。これは下痢を起こし、神経毒性で動物を殺す毒素で、二種類のタンパク毒素（VT-1、VT-2）からなっています。このうちVT-1は赤痢菌がつくる志賀毒素とまったく同じもので、VT-2はVT-1より一ケタ毒性が強い同類の毒素です。この毒素を出す大腸菌はO157の他にも五〇種類以上発見されていますが、人間の食中毒でもっとも怖いのがこのO157なのです。

発病した場合には、いまのところ抗生物質でO157を殺すことはできますが、死ぬときにベロ毒素を多量に発散し、人体内にその毒が回ることがあるので、恐れられているのです。けれども、O157が抗生物質耐性を獲得しはじめており、遠からず多剤耐性菌になるにちがいありません。［中略］

堺市の食中毒の根本原因はカイワレではなくウシ

人類は昔から大腸菌と共生してきました。一般の大腸菌には病原性はなかったのです。ところが一九八二年、アメリカのオレゴン州、ミシガン州でハンバーガーによる食中毒が起こり、その原因がベロ毒素を出す腸管出血性病原大腸菌O157であることが明らかになりました。

以来、アメリカをはじめ先進国で散発的に発生し続け、九六年に日本でO157による食中毒が激発し、私たちを震撼させるに至ったのです。そのピークは大阪府堺市の事故（学校給食による食中毒。最終患者数は九〇五三人で、死者は三人）でしたが、不思議なことに、問題の給食に使われたと思われる飲料水とその食材からもO157は一切検出されていません。にもかかわらず、厚生省は「カイワレ大根を原因食材と断定することはできないが、疫学的な調査結果も総合的に勘案すれば、その可能性も否定できない」と公表しました。[1] それをマスコミがあたかもカイワレがO157の原因食材のように騒ぎ立てたために、スーパーからカイワレが一斉に消え、業界が大打撃を受けたのです。

けれども、直接の原因食材以上に、O157がどこで増殖され、食材にまぎれ込んだのかが、問われるべきであると考えます。そうでないと、根本問題がなおざりになるからです。大腸菌が生息できるのは哺乳動物の腸内以外にないのですから、家畜が真っ先に疑われて当然です。実際にO157を検査しても、ウシからだけ検出され、ニワトリやブタはシロでした。ですから、発生源はウシの大腸に行かざるを得ません。したがって、ウシの糞に生息しているO157が、七月九日ごろの堺市の給食に使われた食材を汚染した結果ではないかと私は考えています。なぜなら、大腸菌が増殖できるのは哺乳動物の大腸内であり、カイワレダイコンには腸がないからです。

検査法でまったく異なるウシの保菌率

悪玉のO157がウシの大腸に寄生しているとはいえ、すべてのウシに寄生しているわけではありません。農水省畜産局衛生課から出された九六年七月二六日の「家畜におけるO157について」では、全国食肉衛生検査所協議会による九五年の調べで、四九一四頭のうち、O157を保菌しているウシは〇・一二%と報告されています。全検査頭数のうち保菌牛はせいぜい五〜六頭にすぎないことになりますが、これは他の報告と比べてケタ違いに少ないのです。その理由が解せなかったのですが、厚生省の「食肉の汚染実態に関する調査研究班」（品川邦汎研究班長）による九六年の調査結果を見て、納得できました。それによれば、四一八五頭（一〇五機関）について糞便検査を行ったところ、O157が五八頭から検出され、保菌率は一・四％となっていたからです[2]。

では、どうして農水省と厚生省の二つの報告で一〇倍以上の違いが出たのでしょうか？　それは、農水省報告が九五年の調査なのに、研究班の報告は九六年の調査で、一年のずれがあるからです。これは、九六年にO157による食中毒が激発した事実とウシの保菌率が一ケタ増えたことは相関性があることを示しています。

けれども、実際の保菌率は一・四％という平均よりずっと大きいことが示唆されています。すなわち、大多数は感度の悪い増菌法などで測定されているからなのです。保菌率は免疫磁気ビーズ法では四・四％なのに、増菌法では一・二％です。また、東京・大阪での両検査所による一〇三五検体の輸入肉のO157検査によれば、増菌法では検出率がゼロなのに、免疫磁気ビーズ法では五検体（〇・四九％）から検出されています。

つまり検査法によって保菌率が違い、免疫磁気ビーズ法では陽性の輸入牛肉でも、増菌法などでは陰性になる場合がしばしばあったのです。実際の保菌実態は免疫磁気ビーズ法で測定したデータに近いのだから、すべてをビーズ法で測っていれば、保菌率は四～五％に跳ね上がっていたはずです。

［中略］

O157はウシの生理を狂わせた報い

そもそもウシは反芻胃（第一胃）の中で草をエサに細菌と原生動物を増殖し、それをタンパク源として第四胃で完全に消化し、小腸で吸収する生きものなので、本来はあえて肉や大豆を食べさせる必要はありません。また、抗生物質やホルモン剤を投与されなくても、ウシは健康であったのです。それを早く肥らせようとして、イギリスではヒツジの肉や骨をエサに混入したために「狂牛病」事件が発生しました。

アメリカ農業は六〇年代以降、慢性的穀物過剰に悩まされてきました。そうした背景のなかで、畜産の工業化を推進してきたアグリビジネスは「動物工場」で家畜を飼い、穀物をエサに、またホルモン剤・抗生物質を投与して、短期間で柔らかい肉を量産できる牛肉生産方式を確立してきたのです[3]。日本でも今日、ホルスタインの若齢肥育の肉牛生産では、アメリカの動物工場方式を踏襲し、草を食べさせない抗菌剤入りの濃厚飼料を多給する飼い方が一般的になっています。

このような飼われ方をしたウシでは反芻胃の細菌類と原生動物が絶滅し、胃袋は単なる溜め池に変わり、胃壁は薄くなり、皺がとれてしまいます。腸も腐敗物で占められ、内臓全体がぼろぼろになっています。実際のところ、九五年の芝浦食肉衛生検査所の調べでは、乳牛や肉牛の消化器に肝炎・腸炎などの病変のある個体が全体の五四％に及んでいると報告されています[4]。

歴史的にウシは草をはむ反芻動物であり、その腸内で無毒のO157はひっそりと生息していました。それが七〇年代の終わりにアメリカ、カナダの「動物工場」のウシの腸内で突然変異し、腸管出血性病原大腸菌という怖いギャングに変身しました。つまり、腸内にいる無毒のO157がホルモン剤や抗生物質が投与された環境下におかれ、ベロ毒素を産生するバクテリオファージ（細菌に感染するウィルス）に感染され、はじめて有毒のO157に変身したと考えられます。そして、一度ベロ毒素を産生する性質を獲得した大腸菌は、細胞分裂を繰り返すなかで変異しながら世界中に広がっていったのです。

日本のO157は、アメリカから輸入された生体輸送のウシ、輸入牛肉、輸入飼料、保菌者を通じて八〇年代に持ち込まれ、じわりじわりと増え続け、最近になって劇的に増加したにちがいありません。［中略］

2　O157対策の有畜農業論

適切な牛糞処理

O157による食中毒が一般の食中毒と決定的に違う点は、感染してから発病までに時間が長く、しかもごく微量の汚染でも食中毒が起こることです。一般の食中毒は、病原菌が一〇〇万個以上に増えなければ発病しませんが、O157は一〇〇個未満でも発病することがあるのです。一〇〇個がいかに少ない数値かは、人間の唾液には一gあたり一〇〇万個の細菌がいることや、糞便には一gあたり一〇〇種類以上三〇〇〇億個～五〇〇〇億個の一般細菌が常在し、うち大腸菌は一gあたり一〇〇万個～一億個生息していることと比較してみれば、おわかりになると思います。

厚生省は、O157がウシの糞尿に由来することを認め、屠畜場での糞尿汚染防止の徹底に着手しました。けれども、それだけでは抜本的解決策にはならないのです。というのは、何より畜産農家が適切に牛糞を処理することが先決だと考えるからなのです。

ところが、農水省が家畜衛生について取り上げたのはたった一回、それも先に示したとおり、ウシの保菌率は〇・一二％にすぎないという九五年のデータを示しただけで、「Ｏ１５７を含む大腸菌についてては動物腸内常在菌の一つであり、……すべてを排除するのは当を得ない」というものでした。九六年七月から一一月までにＯ１５７について緊急広報を二三回出していたのに、そのほとんどはカイワレなどに関するものだったというわけです。これでは、抜本的対策どころか、具体的施策を末端畜産農家に一切出していないことです。また、酪農・肉牛の業界誌も、この問題を自分の問題として正面から取り上げていません。

カイワレ旋風が業界に与えたダメージの轍を踏まないため、批判の矛先が自分たちの業界に及ばないようにじっと待っているとしか、私にはみえません。これでは、現場の農家が自分の問題として受けとめようがありません。

近代化農政で酪農と肉牛生産は規模拡大路線を走ってきましたが、牛床には糞が積もり、ハエが飛び交う光景は、いまでも珍しくありません。そのような牛舎で、ハエがＯ１５７を媒介して食べものを汚染することは、十分考えられるのです。橋本龍太郎総理大臣〔当時〕は「Ｏ１５７対策で万全を尽くす」と宣言し、Ｏ１５７を法定伝染病に指定しておきながら、当の農水省は牛舎ごとの保菌牛をチェックし、それらを隔離することさえ、していません。これでは「モグラ叩き」どころか、Ｏ１５７が地下ではびこるのを放任しているだけで、無責任極まります。まず保菌牛を隔離し、感染の広がりを抑制することが先決です。

私が住む茨城県八郷町の休耕畑でも、牛糞がうず高く捨てられているのをしばしば見かけます。河川や地下水、それに、もし下流に井戸があれば、O157で汚染されかねないのです。こうした状況は、実は日本全国に存在しています。

有畜農業を促す完熟堆肥工場を

では、どうすればいいのでしょうか。私は地域内有畜農業を発展させる視点に立って、牛糞を土づくりに活用するほかないと思います。本来の有機農業を志している生産者は、牛糞をそのまま撒かず、モミ殻・オガ屑などといっしょに高温発酵させて完熟堆肥にしてから、野菜や果樹に施しています。けれども、大規模畜産農家の糞は莫大で、そのような有機農業者だけで使い切ることはできません。

したがって、自治体が率先して牛糞堆肥製造工場を興し、地域の牛糞を活用して高温発酵させた安全で良質な完全堆肥を生産し、果樹・野菜農家に使ってもらう体制を早急に確立することが、急務だと思います。幸いO157は熱に弱く「六二・八℃・二四秒で死滅する」(5)のですから、堆肥生産の自然の発熱でO157を死滅させることが可能なはずです。［中略］

隘路は建設費用です。自由化の波をもろに被ってきた畜産農家にとって、莫大な費用を投資するゆとりはまったくありません。いまこそ国が率先して、O157で汚染された牛糞を土づくりの宝物に変えてほしい。そのためには、農水省が総額六兆円のガット対策費のうち九七年度分の五〇〇〇億円を自治体と組んで、地域の有機農業の推進に立ち上がってほしい。いまがそのときだと思うのです。

［後略］

(1)『堺市学童集団下痢症の中間報告について』厚生省、一九九六年八月。
(2)『腸管出血性大腸菌に関する研究班中間報告』厚生省、一九九六年一一月。
(3)ジム・メイソン ピーター・シンガー著、高松修訳『アニマル・ファクトリー』現代書館、一九八二年。
(4)『事業概要』東京都芝浦食肉衛生検査所、一九九六年七月。
(5)伊藤武「ベロ毒素産生性大腸菌と食品衛生」『モダンメディア』三九巻七号、一九九三年。伊藤武「腸管出血性大腸菌感染症への対応と現状」『週刊農林』一九九六年一一月五日号。
『酪農事情』一九九七年夏季増刊号『いま牛は警告する』(原題「牛のふんは大丈夫?」)

第3章　よい牛乳に適した牛の飼い方とパス殺菌の条件

1　パス殺菌牛乳を求めて

乳牛の健康を保証する道

日本の酪農は、多頭化を追い求めた結果、土からますます離れ、加工畜産への道をひた走った。その結果が、乳房炎の多発、産後の起立不能症の増加、ルーメン〔反すう動物の第一胃〕の代謝異常の増加などをもたらしたのである。

私たちの求めるパス殺菌牛乳は、その近代酪農からの生乳では、つくれない。乳牛の健康を保証する道、その条件は何かを、次に吟味してみよう。

①高泌乳牛への改良をめざさない
②足腰、ルーメンの強健な子牛の育成
③運動場の確保
④生活環境は乾燥し、清潔なこと
⑤糞尿が臭くないこと

⑥薬漬けの輸入飼料はできるだけ使わない
⑦粗飼料の自給に見合う頭数を
⑧農薬・化学肥料を使わないエサづくり
⑨乳牛の寿命は五産以上を
⑩生乳中の細菌数は三万以下

以上の一〇項目は、相互に関連がある。そこで、各問題を最近、よい牛乳の条件を調べる目的で訪れた奄美の沖永良部《おきのえらぶ》島、島根県の木次《きすき》乳業、静岡県の函南《かんなみ》東部農協、それに群馬県の東毛《とうもう》酪農の事例に照らして、考えてみたい。

高泌乳牛への改良をめざさない

年間一万㎘台の大型の「太くて短い」牛が最近珍しくなくなってきたのは確かである。しかし、乳牛とはそもそも草食性の動物で、粗飼料だけでは年間四〇〇〇㎘が限度である。高泌乳牛とは、草からミルクを合成しているのではなく、トウモロコシや大豆かすをバイパスたんぱくの形で利用してミルクに変換するたんぱく変換装置なのであって、無から有を生んでいるのではない。

高泌乳牛は濃厚飼料多給型の飼育条件を不可欠とするので、どうしても乳房炎や繁殖障害にかかりやすくなるのは避けられない。もう一つ問題がある。トウモロコシや大豆かすなどは、いずれも輸入穀物なので、高泌乳牛とは輸入穀物のミルクへの変換マシーンなのであり、日本の大地から離れた食品づくりにつながるのである。このような乳牛は自然の摂理にかなっていないのだから、短命にならざるを得ないのは当然である。

私たちのめざすパス殺菌牛乳は、自然の寒暖の変化に適応し得る強健な牛であり、粗飼料主体の牛である。ホルスタインの系統では、イギリス型のフリージャンのような乳肉兼用種が望ましい。または、粗飼料主体の放牧に向くジャージー種などを積極的に見直すべきである。

清里（山梨県）のキープ牧場では、ジャージー種だけを放牧し、パーラー（搾乳舎）式の搾乳をして、高橋乳業で低温殺菌牛乳にしている。島根県の木次の酪農家は、各戸に一～二頭ずつのジャージー種を飼っている。また、御料牧場でもジャージー種主体に切り替えつつある。

足腰、ルーメンの強健な子牛の育成

佐藤晴夫さんは、木次乳業の低温殺菌牛乳向けの良質乳を生産している酪農家である。乳牛一二頭のほかに、九〇aの畑と五五aの田圃をつくっている、典型的な有畜複合経営農家でもある。大変急な斜面での畔草を刈っての牛飼いであり、平地での酪農とは異なり、草刈りひとつをとってみても、大変な努力を要することは間違いない。段々田圃の側斜面に生えている野草も、牛のエサに利用している。

そんな環境のなかでも健康な牛を飼っており、五産以上の牛が多く、八産の牛も含まれていた。今日〔八六年〕の日本酪農の平均産子数二・七産と比べてみればわかるとおり、いかに健康に留意しているかがわかる。長持ちさせる秘訣について、佐藤さんは次のように話してくれた。

「子牛のうちに過保護にしないようにして、濃厚飼料はできるだけ与えないようにし、裏山の斜面で十分運動させ、自由に野草を採食させ、反すう能の優れた牛に育てるので、成牛になってから食い込みのよい牛に育ちます。そのうえ、この急斜面をかけるので、足腰が丈夫に育ちます。だからなのでしょうか、乳房炎の牛や関節炎の牛はほとんど出たことがありません」

何と教訓的な話ではないか。最近の児童は学校給食で牛乳を飲み、昔の子どもに比べたら、たっぷりカルシウムを摂っている。そのはずなのに、骨折する子どもや、もやしのようにからだだけ大きくなっていながら、体力のない子どもが増えている。この現実は、近代酪農の配合飼料育ちの短命の牛の育て方と相関性がありはしないだろうか。

牛は本来、草食性の動物である。だから、その野山をかけめぐり、寒暖、風雨の変化に耐えられるように野生的に育てるのが肝要である。それが、長持ちする能力の高い牛に育つ第一の条件ではないだろうか。とは言っても、ただ単に放任しているわけではない。

「裏山に放牧して観察していると、日陰の青々とした山笹ではなく、日焼けした色の悪いほうを選んで牛は食べる。人間の目からはいかにもまずそうな野草を食べているのを見ていると、牛に聞かないと、本当のことがわからないのと違いますか。『配合飼料』は栄養学の理想のエサと言って私たちに説明されるけど、牛の健康にとって本当にいいのかどうか疑わしいんじゃないですか。牛に聞かんと、いけんですな」〔佐藤さん〕

運動場の確保

もちろん、佐藤さんのような自然環境での酪農だけではない。今日の近代酪農では、省力化を最優先させて年中舎飼いなだけでなく、乾乳期にさえ放牧させない経営が増えている。そのせいなのだろうか。農水省の「家畜共済統計資料」[1]でも近年、乳牛の死廃事故に占める足腰の弱いことに関連のある事故牛が増えている。産後の起立不能症、脱臼、関節炎……。

パス殺菌牛乳用の原料乳の生産者は、舎飼いの場合でも、乾乳期には運動場に出してやり、搾乳期間中でも、天気のよい日には運動場でからだを動かす自由を保証すべきである。消費者団体などと提携している酪農家では、私の見たところ、ほとんどどこでも運動場に出すようにしていた。

言うまでもなく、自然条件に恵まれていれば、自然に放牧して、牛に自由に採食させるのがもっとも理想的であると思う。清里のキープ牧場では、ジャージー種を完全な放牧で飼っており、定刻になるとパーラーに順番に並んで搾乳を待っている。まさに酪農の王道であり、よい牛乳のモデルである。農家酪農は、そのまねは許されない。が、乳牛はともに生きている家族の一員なのだから、群れで生活する自由と、一日一回は広い運動場でのびのびする自由は、保証したいものである。

生活環境は乾燥し、清潔なこと

日本では、繋《つな》ぎ止め方式（タイストール）で飼われているのが大部分である。乳牛は、自分の狭い牛床の上で立っているだけか、その上に腹ばう自由しかない。牛は本来きれい好きな動物であるが、牛床が自分の糞尿で汚れていれば、その上に腹ばうしかない。だから、多頭飼育の手抜きの酪農では、糞尿の上に乳房をべったりと汚している例も見られる。下痢の際には、拭いたぐらいでは到底きれいにならない。その糞尿には、大腸菌、腐敗菌、低温細菌などの有害菌が多いのだから、そのような不潔な環境で飼えば、牛はどうしても病気にかかりやすくなる。

問題の乳房炎について考えてみると、原因菌は乳頭孔から侵入する危険性がもっとも高い。つまり、代表的な病原菌の一種、黄色ブドウ球菌（オーレウス菌）などは、糞尿に当然含まれていよう。それが乳頭の乳汁口から侵入し、乳汁中で増殖し、乳腺組織で定着したときに乳房炎になると考えられている。もちろん、健康なときには、乳房炎菌が侵入しても、白血球や免疫グロブリンなどが駆逐するので、発病には至らない。しかし、体力の衰えたときとか、病気の折に本来の抵抗性が衰えるので、発病することになる。

だから、常日ごろから乳房は常に乾燥させるようにしつけ、糞尿で汚さないように飼うことが肝要である。牛床は常に乾燥しているように、床には敷きワラを十分敷いてやり、汚れたらすぐ清掃してやることが必要である。

乳房炎にかかる心配がよしんばなくとも、パス殺菌牛乳向けの生乳生産では、牛床を湿らさないように心がける必要がある。なぜなら、搾乳の前に乳房をお湯で湿したタオルと乾いたタオルで拭くとしても、ひとたび汚れた乳頭は完全にはきれいにできない。ところで、搾乳時にはミルカーの吸入口（ライナー）はすっぽりと乳頭を外から包み込む。だから、乳頭が汚れていれば、その汚れも搾乳の真空圧で乳といっしょに吸入されるからである。

すなわち、健康を保ち、乳房炎にかからないための予防の第一は、牛床を湿らさないことである。そうすれば、乳頭の汚れが生乳中にまぎれ込む心配も少なくなる。

糞尿が臭くないこと

酪農とは清潔な環境でなされるもの、というイメージは一般にない。実際、ごく普通の牛舎に近づくと、特有の悪臭が漂ってきてハエが多いことが少なくない。しかし、パス殺菌の牛乳を求めて酪農家を訪れる機会がよくあるようになってから、酪農とは臭いもの、というこれまでの私のイメージは間違いだったと、思い直す今日このごろである。

夏の暑い日、東毛酪農の長谷川哲夫牧場を訪れた。利根川沿いで二五頭の乳牛を飼い、乾牧草を十分自給している酪農家であるが、牛舎に近づいてもまったくと言ってもよいほど臭い匂いがしてこない。そのうえ、夏だというのにハエが見あたらないのだ。その秘密は何かとうかがっても、はっきりした返事は返ってこなかった。もちろん、殺虫剤を使っているわけでも、脱臭剤を使っている形跡もない。その理由は、いまだにわからないが、次の諸条件を満足すれば、実際に可能ということなのではなかろうか。

① 牛舎は敷き草でよく乾かしてあること。

② 牛が健康で、良質な乾草を主体とするエサをよく消化・吸収してしまうので、悪臭の元になる窒素分（アンモニア、インドール、スカトールなど）が糞尿に含まれていないこと。言いかえれば、エサのたんぱく質はよく消化・吸収され、しかも、糞の中に大腸菌のような有害菌が少ないために、糞尿そのものの悪臭がしないこと。

③ 牛舎の立地条件がよく、利根川沿いの砂質土のため、水はけがよく、排水がたまったりして腐敗菌が繁殖しないこと。

④　過敏なはずのホルスタインなのに牛が飼い主に似て温和で、搾乳に外来者が立ち合っても問題にもしないこと、それほどストレスの少ない飼育をしていること。

⑤　夏なので、搾乳が終わると一晩じゅう運動場で繋《けい》牧されるが、その尿も自然のろ過機構で処理され、悪臭を出すことはないこと。

⑥　乳房炎の牛がまったくいないこと。

東毛酪農では、低温殺菌牛乳向けの生乳のために、潜在性の乳房炎の検査を徹底的に行っているが、「一二四頭中から一頭の潜在性乳房炎牛も出さなかった」とのことである。だからなのであろう。生菌数は培養法でも一㎖あたり三〇〇〇以下の実績の酪農家である。つまり牛が本当に健康であり、良質の乾草を十分食べ、濃厚飼料を少な目に与えるようにすると、糞尿に悪臭の元になる物質が少なくなれば、ハエも近づかなくなるということのようだ。

薬漬けの輸入飼料はできるだけ使わない——ヘイキューブ、ビートパルプを減らそう

果物のサクランボやバナナならいざ知らず、稲ワラやヘイキューブは本当に薬漬けで処理されているのか、と首をかしげる読者に代わって、A港でヘイキューブが荷揚げされる様子を紹介しよう。

ヘイキューブのもとは、乾牧草のルーサンという、カルシウムとたんぱく質の比較的高い良質の粗飼料である。が、日本では酸性土壌のため、ほとんど栽培されていない。その乾草を熱で固め、四角く裁断したかたまりである。今日の日本の酪農では、多かれ少なかれ、このヘイキューブやビート(カブの一種)パルプを使用している酪農家は少なくない。いや、不可欠な粗飼料と考えられている。

それが一般の農家の常識と言っても過言ではあるまい。

A港の岸壁の上で、「これがヘイキューブですよ」と紹介された荷物は、岸壁に止めてある長さ一五mぐらいの貨車に積まれていた。その貨車は、ちょうど一昔前の貨物車を長くした形であった。その一両のトレーラーに約三〇トンのヘイキューブが詰め込まれていた。出し入れ口は一カ所しかなく、そのドアを開けると、内壁にドクロ印の不気味な袋がぶら下がっていた。

よく見ると、ホストオキシンという毒ガスが入っていた袋で、荷揚げ業者が危険を予知できるように、注意書きが英語で書かれていた。この袋は、荷物を詰め、ドアを閉める前に貼り付けておくと、それから一週間ぐらいの間に猛毒の蒸気ガスを出し、そのガスがトレーラー内容物を消毒する仕組みになっていた。しかし、アメリカの港を出てから一カ月以上たっているので、心配ないとのこと。ところで、毒ガスの袋は、一コンテナの出口にしか貼っていないとすれば、一五m奥の荷物の消毒が可能なのか、と疑問に思い、聞いてみた。

「もちろん、ドアの付近だけしか消毒できませんよ。でも、病害虫の検査のサンプルは、荷揚げに際してドアを開け、その付近から採取するから、心配いりません」

外国から病害虫の侵入を防ぐために植物防疫法で取り締まっているはずなのに、これでは尻抜けではないか、と半ば拍子抜けがした。と同時に、この程度の検査ですんでいるから、日本の港で薬剤くん蒸を免れる荷口があるのだから、むしろ喜ぶべきではないか、と複雑な気持ちで聞いた。しかし、それで安心と言うわけにはいかなかった。そんなずさんな検査でも、夏場などには不合格の荷口が六〇%以上も出ると聞かされたからである。

「そんなときは、どうするのか」と聞くと、「あのサイロ（円筒の鉄製の密閉容器）にほうり込み、臭化メチルで四八時間もくん蒸されるんですよ」との返事。ちなみに、八四年まで食糧庁では米の貯蔵のために、この臭化メチルでくん蒸していた。古米になればなるほどくん蒸回数が増えるので、残留臭素も増える。しかし、この臭化メチルには変異原性があるだけではなく、弱いながら発がん性もあるとの報告もされているのだ。安全性に問題があるとの消費者パワーがあって、八五年度産米からは、国はくん蒸はやめて冷蔵保管に切り替えることになったのはご承知のとおりである。たとえ、エサだとはいえ、牛の健康によいということはあり得ない。

もう一つ、このヘイキューブで牛のルーメンに傷そう炎を起こして大問題になったことがある。カリフォルニアなどで収穫の際に束ねるときに使った針金が製品にまぎれ込み、それが牛の胃に傷をつける事故であり、その針金がなんと日本製だと言うので、社会問題になったのである。

もちろん、薬漬けなのは、ヘイキューブだけではない。ビートパルプでも同じようなものだとの成績がある。また、輸入の稲ワラは、韓国と台湾から運ばれてくるのだが、港での消毒は避けられない。

かくのごとく、輸入飼料は、穀物だけでなく、粗飼料もその流通過程で薬漬けになる宿命になっていることがわかる。とにかく、パス殺菌牛乳用の粗飼料は、原則として自給の飼料に限り、輸入飼料は極力抑えるようにしないと、酪農もまた完全な加工業に堕落しかねないのである。

粗飼料の自給分に見合う頭数を

輸入飼料は、その生産者、流通業者との意思疎通がむずかしいだけでなく、事故が起こっても、その第一次生産者と自由に話をつけることもできない。とりわけ、長期間船に積まれて運ばれるのだから、薬漬けを覚悟しなければならない。だから、健康な牛を飼おうと思うなら、日本産の粗飼料で飼うのが原則である。少なくとも、牧草や稲ワラは、身近な仲間からの購入に限り、輸入品は避けるべきであろう。

そもそも酪農とは、草をミルクに変換する仕事なのだから、自分の田畑から得られる自給の粗飼料に見合った頭数に自重すべきである。そうしないかぎり、安心して飲める本来のパス殺菌牛乳はつくれない。

農薬・化学肥料を使わないエサづくり

一般に牧草に農薬を散布することはあまりないが、飼料用ビート、デントコーンでは使われることが多い。播種後、雑草対策のために除草剤が使われている。しかし、消費者団体などとの提携運動のなかでは、除草剤を使わないように申し合わせている場合が多い。たとえば、首都圏の「大地を守る会」や函南東部農協の「低温殺菌牛乳を考える会」との提携運動から誕生した〝低温殺菌牛乳〟向けのデントコーンでは、農薬や化学肥料を使わないことを原則にしている。

提携酪農家の神尾光義さんは二二頭の乳牛を飼っているが、パイプラインではなしに、ミルカーとバケットで搾乳していた。牛舎は昔ながらのもので、見るからに古くさい。しかし、牛床には敷きワラがきちんと敷かれ、手の行き届いた経営であることをうかがわせる。その糞尿はカンナ屑などといっしょに、家から少し離れたコーン畑の一角に積みあげられていた。よく混合して数カ月間積んでおき、六〇℃以上の高熱下で数カ月以上たつと、カンナ屑がアメ色に変わる。このように、十分発酵させてから、コーン畑にマルチの形で還元してやるのだ。そうすると、うね間の除草にも役立ち、一石二鳥だと言う。

神尾さんの栽培しているのは、一見デントコーンにそっくりだが、品種が違う。「外来のF_1のデントコーンは使いたくないので、昔からつくってきたコーンの種子を自家採種して栽培し続けてきた」とのこと。言われて見ると、周りのデントコーンとはどこかが違う。デントコーンのようなゴッさは感じられないし、その色合いも青黒くなく、むしろ薄黄緑色で柔らかい感じである。「収量はどれくらい落ちるのですか」とうかがったが、「デントコーンとあまり変わらない」との返事であった。

畑に足を踏み入れてみると、土がふかふかで、堆厩肥が十分入っているのがよくわかった。とはいっても、厩肥主体の堆肥ではない。どちらかといえば低窒素の肥料であり、発酵中の堆厩肥からは、いやな臭いはしなかった。だからなのであろう。周りの化学肥料の畑のデントコーンに比べて薄黄緑色で、柔らかい感じのするのは。化学肥料を多給しているデントコーン畑は、土が硬く、根の張りは悪いのに、葉色だけはいやに青黒い。このような葉には硝酸態の窒素が多いので、牛は喜んで食べないし、そのサイレージ〔乳酸発酵させて貯蔵した飼料〕は牛の健康にもよくない。だから、健康な牛のためには、色合いの薄い低窒素の堆肥でつくった青物がよいに決まっているのだ。

このように、パス殺菌牛乳づくりには、単に殺菌条件だけではなく、牛の飼い方と飼料作物のつくり方が違うのである。

乳牛の寿命は五産以上を

乳牛の寿命は二五年以上といわれている。だから、一五産はできるのが当然なのかもしれない。しかし、年々寿命は短くなり、今日〔八六年〕では日本の平均産子数は二・七、つまり三産以下なのである。乳牛は、一般に三〜五産ぐらいまでは体重は増え続け、乳量も増えるのだから、三産未満で廃牛にするのは、あまりにも短命すぎる。そうせざるを得ないのは、繁殖障害などのためであり、その使い捨ての酪農のあり方に問題があるからだ。

一般にホルスタイン種は、夏場の暑さに弱く、南の国には適さない品種だといわれている。しかし、日本の亜熱帯の離島・沖永良部島で、白川清治さんはホルスタインによる、酪農から低温殺菌牛乳づくりまで一貫経営している。

その牧場では、三〇頭のホルスタインを飼っている。その牧草畑は七ha、年間三〜四回の収穫が可能なので、粗飼料は十分給与できると言う。濃厚飼料をほんのわずか与えるだけで、粗飼料を多給しているので、乳量は一頭あたり日量一〇kg足らずだが、八産以上の乳牛が二〇頭あまりいた。乳牛の体形は、座高の低い一昔前によく見かけた比較的小型の乳牛だが、乳房炎の牛は一頭もいないとのことであった。

しぼりたてのバルククーラー〔冷蔵庫〕から生乳をすくって飲んでみたが、大変あっさりした、おいしい生乳であった。その後、当地で獣医師をしている河内清澄先生におうかがいしたところ、「三年ほど前に一回だけ乳房炎の牛を治療したことがあるにはありますが……」と言われ、いまの牛群では乳房炎の牛はいないことが裏付けられた。

もっとも、亜熱帯地方とはいえ、その牛舎は丘の上の涼しい風通しのよい環境に立っており、牛床も敷料で十分乾燥しており、さぞ夜は涼しいにちがいないと思えた。運動場も水はけのよい砂質土であった。

平均三産以下の今日の日本の酪農は、ひたすら高乳量を追い求め、濃厚飼料を多給してきた結果である。乳牛の健康を第一とするならば、日本中どこでも五産以上の酪農が可能であることを裏書きしていた。その乳は自分の手で低温殺菌（六五℃・三〇分）しており、離島の子どもたちのための学校給食用に供給されていた。鹿児島県から南の離島では、学校給食の牛乳はすべてＬＬ牛乳で占められているなかで、唯一の例外が、沖永良部に生きていた。そこに理想の牛飼いを見る思いがした。

生乳中の細菌数は三万以下

生乳中の細菌は、乳中で乳を食べて生きている。その低温細菌を例にとると、プロテアーゼやリパーゼという酵素を出して乳のたんぱく質や脂肪を分解し、それを食べて変敗させているのである。だから、低温細菌の増えてしまった乳は、たんぱく質が劣化し、本来の品質が悪くなっている。つまり、たんぱく質は加水分解し、プロテオーズ・ペプトン、ポリペプチドに分解し、部分的にはアミノ酸から二級アミンを生成したりしていることを意味する。

したがって、細菌数の増えてしまった生乳は、たんぱく質の一部が変敗し、不快臭を発したり、苦味を呈したり、二級アミンのような毒物を生成していたりするのである。その新鮮さを失った乳は、どのように加工しても、本来のおいしい牛乳にはなり得ない。そのような生乳をパス殺菌しても、不快臭が残るだけでなく、細菌数を省令基準の五万以下にするのもむずかしい。UHT加熱処理すれば、不快臭を焦げ臭でごまかし、細菌を少なくできるが、魔法を使うわけではないのだから、おいしい牛乳に変えることはできない。

酪農国では、そもそも歴史的に生乳をそのまま飲んできたので、新鮮さが命という思想が根づき、過度な加熱（UHT）を避け、パス殺菌牛乳を今日に至るまで飲み続けている。しかし、日本では、不幸にも飲用牛乳の大部分をUHT滅菌してきたので、生乳の品質をよくすることを主眼に置かず、生産性のみが追求されてきた。その結果として、飲用原料乳の細菌数は一㎖あたり三〇万〜一〇〇万のものが多く、パス殺菌には適さなかったのである。

そこで本章では、これまでの酪農のどこをどのように改めるべきかを、先進的酪農家を訪れながら、具体的に検討してきた。その結果、日本でも酪農のあり方を変えれば、パス殺菌用の生乳にふさわしい、細菌数三万以下のものが可能であることがおわかり願えたと思う。東毛酪農の長谷川哲夫牧場の生乳の細菌数は、すでに一般細菌数が「三〇〇〇以下」というすばらしい記録を残している。だから、日本の牛乳をUHTからパス殺菌に切り替えていく路線が敷かれたら、酪農の体質は転換を迫られ、細菌数を一ケタ少なくすることは可能であろう。

以上、よい牛乳にふさわしい牛の飼い方を見てきた。読者が酪農家を訪れる際、どこを見たらよいか、そのチェックポイントを列記してみよう。

①　酪農家の人となりが何といっても鍵である。乳牛は飼い主に似るといわれるとおり、その接し方によって決まると言っても過言ではない。

②　牛舎が臭く匂うか否か、牛舎が敷きワラなどで乾いているか否か。

③　産子数がどれぐらいか、牛の寿命はどうか。

④　田畑の面積と粗飼料の自給率は？

⑤　サイレージの匂いは？

⑥　バルククーラーの生乳を直接飲んでみる。甘みがあって、あっさりしていておいしいか否か？もしバルクタンクから不快臭がしたり、その生乳が塩辛みがあるようなら、乳房炎の牛の分があると疑ってみる必要がある。

もちろん、初めからすべて理想的な条件が整っているとは考えられない。パス殺菌牛乳の実現をめざす途上で、一歩一歩酪農の体質は変わるのだから、酪農家と消費者がともに理想に向かって歩み出せるか否かが鍵であろう。

2　よいパス殺菌の条件

小規模な工場が望ましい

牛乳の良し悪しの判断には、牛の飼い方が決め手になると述べてきた。もし、かりに健康な牛から良質の生乳が得られたとしても、加工処理の段階までに古くなっていたら、その価値はなくなる。だから、生乳をできるだけ新鮮なうちに工場で処理することが望ましい。

しかし、今日のUHT牛乳向けの生乳は、隔日集乳が一般的である。酪農家の冷蔵庫（バルククーラー）で、朝夕四回分の生乳が貯蔵される。それから工場に運ばれ、乳質が検査され、乳脂肪分、無脂乳固形分、細菌数、抗生物質の残留などが検査され、貯乳槽に貯えられる。したがって、しぼられてから三昼夜たってから、やっと工場で加熱処理される分も含まれていることになる。

それまでの間、一定の冷蔵温度で保たれているわけではない。バルククーラーの乳温は、搾乳のたびに暖かい生乳が入ってくるので、そのたびごとに乳温は変化する。さらに、集乳車の出し入れ時に加温される。かくして、工場で処理されるまでに、低温細菌がどんどん増え、乳質は悪化の一途をたどるのである。

だから、パス殺菌の場合には、これまでの集乳体制では具合が悪い。朝夕の搾乳後、直ちに殺菌びん詰めするのがもっとも望ましい。が、せめて毎日集乳し、その日のうちに速やかにパス殺菌して、びん詰め冷却することが必要である。そのためには、集乳地域は狭く、工場が比較的に小規模で小回りがきくほうが望ましい。

私の属する「食と農を結ぶこれからの会」では、一軒の酪農家の搾乳牛五頭分の乳量、約一〇〇kg（日量）を一回で一五〇kgの容量の殺菌機で処理している。おそらく、保健所の許可をとった牛乳プラントのなかでは、日本で最小のパス殺菌（六二℃・三〇分）装置ではなかろうか。酪農家でも処理プラントでも、合成洗剤などは一切使わず、石けんと熱湯だけで牛乳づくりをしているが、生乳の細菌数は一㎖あたり一万以下であり、その低温殺菌牛乳は、製造後一〇日間たっても十分飲める。もちろん紙パックではなく、九〇〇㎖のびん容器である。

沖永良部島や与論島でも、それぞれ自分で搾乳した乳を自分の乳処理場で殺菌して、びん詰めしていた。このように酪農部分と乳業部分がいっしょの場合には、両者が協力し合って、よい牛乳をめざすことが自然にできる。

その形態をもう一歩進めた形が、前にあげた函南東部農協、東毛酪農、木次乳業などの今日の姿である。いずれも、酪農家が集まって、共同の自分たちの乳業部門を独立させ、パス殺菌牛乳を生産している。消費者と提携して、乳業部門と酪農部門は、よい牛乳をめざして日夜努力し合っているので、原料乳の乳質が一歩一歩よくなり、結果としてパス殺菌牛乳の質もよくなっているのがよくわかる。

乳脂肪の調整、ホモジナイズ、バクトフュージは不要

パス殺菌牛乳は、大規模な工場の必要はないので、中小乳業が特定の優れた酪農家と組んでつくっていくのに向いている。なぜなら、よい牛乳は、パス殺菌と充塡システムがあるだけでよく、従来の大手乳業のように、①乳脂肪の調整、②ホモジナイズ、③バクトフュージの工程は不要だからである。

①乳脂肪調整はしない

もちろん牛乳は自然の食べ物なので、季節によって乳質が濃くなったり、薄かったりする。「乳脂肪調整」と称して、最低基準まで脂肪を抜き取るのは、許されるべきではない。乳脂肪調整とは、消費者の立場から見ると、省令基準のぎりぎりに他物（水）を混入して故意に薄めることと同じことである。

②ホモジナイズをしない

ホモジナイズとは、生乳を加熱し、小さな穴から高圧をかけて放出し、脂肪球を粉々に小さくするものであるが、その際、脂肪球だけが小さくなるのではない。たんぱく質が機械的に破壊され、化学反応性に富むようになる。言いかえれば、光化学反応を起こしやすくなり、酸化作用も進化し、細菌の増殖も活発になる。だから、乳質の保存性は当然悪くなる。それだけでなく、キサンチンオキシダーゼという酵素も活発になり、心臓病を誘発する危険性がある。

したがって、パス殺菌牛乳では、ホモをやめて、加熱殺菌をするだけにしたい。そうすれば、びん入り牛乳の上層部に生クリームが浮き、消費者は飲む前にそれをすくい取り、ホンモノの生クリームに活用することも可能になる。もちろん、自分で発酵バターやバターミルクをつくってみることが可能である。

とは言っても、これまでの常識を捨てないと、飲む人は、購入した牛乳の上層に浮くクリーム層を見て、腐っているのではという錯覚をしかねない。消費者は、その生クリームのでき方を見ながら、牛乳の鮮度と品質を見分けることができるようにしたいものである。

③バクトフュージをしない

最近パス殺菌牛乳が増えてきたが、一部にバクトフューゲーションをかけた牛乳が出回っている。バクトフュージとは、生乳を加温してから、超遠心分離機で細菌を機械的・物理的に分離して、細菌を分離除菌する方法である。このバクトフュージによる生乳中の細菌の除菌効果は、約八四%である。そのうえでパス殺菌をすれば、生乳中の細菌数は約一万分の一にできる。だから、生乳中の細菌が増えてしまった生乳でも、パス殺菌の牛乳をつくることができる。

しかし、ひとたび細菌の増えてしまった原料乳はたんぱく質の分解が進行して腐敗しかけており、本来のパス殺菌牛乳をつくることはできない。バクトフュージによって、たんぱく質の数%が失われる。それを殺菌し直して、もう一度元に戻すことはできるが、それは細菌の死がいであり、見かけ上のたんぱく質の補給はできても、本来のものではない。

問題は、バクトフュージとパス殺菌の組合せで、乳質の物理的な変化をもたらすのみならず、細菌数の多い原料乳の汚染を抜本的に解決するのではなく、それを補完してしまうことである。細菌数の多い生乳だからUHT牛乳になったように、その代わりにバクトフュージとパス殺菌の組合せになる。これでは、日本の酪農を本来の姿にする道につながらない。

よい牛乳とは、細菌数の少ない原料乳をパス殺菌することによって、初めて得られるものである。

（1）乳牛は子牛を産み、その子どものために泌乳する。その牛の生理をたくみに利用し、人間は子牛用の乳を横取りしてきたのである。そもそも乳牛の泌乳は、子牛のためなのだから、出産一カ月ぐらいにピークになり、それから少なくなるのは、避けられない。そうして一〇カ月もたてば、ピーク時の二〇～三〇％に低下する。そこで次の出産に備えて、二～三カ月ぐらいの間、乳しぼりを休むのが普通である。この期間を乾乳期という。この乾乳期に、乳牛はお腹の子どものために集中でき、外へ出してもらえるなどのために足腰が鍛えられて、体力を回復することが許される。

『怖い牛乳　良い牛乳』ナショナル出版、一九八六年

第4章　養鶏の規模とエサ

1　たまごの会の養鶏法の特質と問題点

〔前略〕たまごの会の運動は、鶏をケージから解放する運動の先兵として工業養鶏を批判しつつ、「より自然に」「より生きものらしく」「より健康に」をモットーに、八郷農場の建設に着手してきました。

たまごの会養鶏では、〔山岸巳代蔵氏が当初に主張した〕「山岸養鶏」の特質である粗繊維質の多いエサを主体にするという考え方から、初めから穀類（トウモロコシ）中心ではないエサがめざされ、米ぬかや麩《ふすま》が多給されています。そうしますと、米ぬかや麩は穀類の皮膜の部分なので、繊維質が多いのは当然ですが、それとともに胚芽の部分も含まれていますので、脂肪分も各種のビタミン類も多く含まれています。

したがって、工業養鶏の卵よりも相対的にリノール酸などの含有量も高いはずですから、動脈硬化の予防効果は優れているでしょう。また、緑餌多給をしていますから、自然のカロチンが卵に移行して、黄味のあざやかさに示されていることからもわかるように、ビタミンAなども充分ある卵となるのは当然でしょう。

しかしながら、たまごの会養鶏法は、輸入穀物を前提とするものであること、とりわけそのぬか、麩類を多給しているために市販の卵よりも残留農薬で汚染される度合の高いエサとなっていること、並びに輸入穀物の加工畜産という性格をもつこと、という欠点をもっています。この構造的な欠陥は、「エサの自給規模に合わせた養鶏」という〝農〟の基本理念を踏まえなかった農場づくりに端を発するもので、当然の結果とも言えます。

なぜこのような基本的な問題を充分検討して始めなかったのかを、胸に手を当てて考える今日このごろであります。顧みますと、もともと食道楽ではありましたが、一九七〇年ごろまでは工業文明にどっぷりとひたり、農の世界にはまったく関心がありませんでした。したがって、たまごの会の運動に参加し、都市の生活者の立場に立ってエサの問題を考えるようになるまでは、まったくのドシロウトでした。

当時、橋本明子さんと組んで東京側の「技術委員」となり、エサの輸入商社を廻ったり、PCBの心配のない魚粉探しに歩いたり、「北洋工船ミール入りの二種類混合飼料（トウモロコシ＋魚粉）」を特注してクレマツ飼料に足を運んだりすることを通じて、エサの問題に首をつっこむことになりました。今日では、一端《いっぱし》の畜産の専門屋顔をして人前に立てるようになれたのも、たまごの会の運動の一端を一所懸命に担わせてもらったおかげだナァと、しみじみ感じています。

それにしても、当時シロウトであったために「農の本質について考えなかった」では、すまされません。いや、シロウトは新鮮な感性をもっているが故に、先輩の専門家〝農民〟を超えられる視座を

もてるはずだったのに、基本的な問題提起のできなかった自分の思想的弱点を痛感せざるを得ません。〔中略〕

2　増産麬に代わるエサを求めて

当面考えなければならない問題は、輸入小麦から生産される「増産麬」を止めて、それに代わるエサを見つけることだと思います。なぜなら、輸入の軟質小麦の麬には殺虫剤のマラソン・スミチオンが多量に残留しています。そのような問題の原料を多量に配合しているエサでは、〝健康な鶏〟とはなり得ないと考えるからです。

それでは、たまごの会養鶏のエサの配合はどのようになっていて、世間一般の配合飼料の内容とどのように違うのでしょうか。農場の配合室の黒板にある配合表から、現在〔八一年〕産卵中のゴトウ一二二の例を拾ってみました。

一般にエサに含まれている栄養成分は、『日本飼料成分表』として公表されています。そのなかから、鶏にとって重要な指標である可消化粗蛋白質（DCP）と代謝エネルギー（ME）（可消化エネルギーから鶏の消化器内で発酵により失われるエネルギーを差し引いた、卵生産のための有効エネルギーのこと）を一応計算してみました。また同時に、日本の養鶏用の配合飼料用の原料の使用量の平均値を『飼料便覧'80』から拾い、DCPとME値を計算してみたものです。なお、「その他」とあるカッコ内の値は、筆者の概算です。

表1　たまごの会の自家配飼料と日本の平均的配合飼料（成鶏）の比較

	原料名	たまごの会の採卵養鶏のエサ			日本の平均の配合飼料			備考
		XⅡロットの配合割合(%)	代謝エネルギー(㎉/100ｇ) (ME)	粗蛋白(ｇ/100ｇ) (DCP)	配合割合(%)	代謝エネルギー(㎉/100ｇ) (ME)	粗蛋白(ｇ) (DCP)	
穀類	トウモロコシ	34.4	117.4	2.7	49	156	3.8	
穀類	マイロ(コーリャン)	−	−	−	19.1	60	1.4	
穀類	その他の穀類	−	−	−	0.3	1	−	
ぬか類	麩	−	−	−	0.8	1.7	0.1	たまごの会46%
ぬか類	増産麩	21	46.7	2.5	−	−	−	配合飼料35%
ぬか類	米ぬか	10	27.2	1.1	1.1	3	0.2	配合比=13
ぬか類	赤ぬか	10	} 40.5	} 1.35				ME比=14
ぬか類	酒ぬか	5			その他(1.6)	(3.2)	(0.3)	DCP比=1.6
蛋白類	魚粉	−	−	−	4.2 その他(3.4)	11 (8.5)	2 (1.7)	たまごの会/配合飼料
蛋白類	工船ミール	8.7	31.2	5.8	−	−	−	配合比=0.7
蛋白類	大豆カス	5	13.6	2.1	11.3	3.2	5.4 その他(0.4)	ME比=2.0 DCP比=0.8
草類	緑草(サイレージ)	生草 80ｇ/日	−	−	−	−	−	たまごの会では、生草の生長は一応除外して計算してある
草類	ルーサンミール	−	−	−	1.4	1.1	0.1	
その他	かきがら骨粉 飼料添加物	6	—	—	5.5	—	—	
	合計	100	276.6	15.5	100	277.5	15.1	

日本の平均値よりも、たまごの会のエサは、はるかにその含有蛋白質量は少なく、かつカロリーの少ないものと私は思ってきました。近代養鶏は高蛋白・高カロリーのエサですが、たまごの会のエサは糟糠類(カス)が多く、低蛋白のエサだから、産卵率は低く、高い原価になるのもやむなしと錯覚していたのでした。が、現実は表1からわかるように、日本の平均値とほとんど変わりません。

すなわち、農水省の配

合飼料の「公定規格」によりますと、「成鶏飼育用配合飼料」の最低成分量は粗蛋白質一五％、代謝エネルギー（ＭＥ）一〇〇ｇあたり二六〇キロカロリーですから、たまごの会のエサは十分にこの基準に合格する内容があるのです。しかしながら、配合組成を比較してみますと、ずいぶん違い、たまごの会のエサはぬか類が非常に多いのが特徴であることがわかります。もっとも、ぬか類の中の酒ぬか類は石岡酒造から購入してくる米の粉なのですから、それを一応穀類に入れて考えてみますと、たまごの会のエサは穀類が全体の約五〇％になりますし、ぬか類は三一％となります。

このような配合例は、今日の養鶏ではめったに見かけませんが、一昔前の養鶏では決してめずらしいものではありませんでした。たとえば、一九六〇年の日本の配合飼料の平均値を調べてみますと、トウモロコシなどの穀類が全体の四六・四％、麸などのぬか類が二〇％、大豆カスなどが一一・五％、魚粉などが七・四％ですから、たまごの会のエサは約二〇年前の日本の標準的な配合例に準じた内容に他なりません。

ところが、養鶏の近代化の流れのなかで、鶏の育種技術の進歩（？）によって鶏の産卵性能は向上し、アメリカから導入された高産卵鶏の白レグ全盛時代になるとともに、ケージ飼いとなり、配合飼料の内容も変化し、ぬか類が減って、その代わりにトウモロコシなどの配合割合が年々増える傾向にあります。すでに七〇年には穀物が六〇・六％に増える反面、ぬか類が九・七％に減っています。そうして七八年度には穀類が六八・四％とさらに増える一方、ぬか類は四・九％へと激減してきたのです。この流れは、これからもさらに進むものと思われます。

先進的養鶏技術をもち、「日本の畜産を考える生産者と消費者の集い」で私たちの主張に謙虚に耳を傾けてくれた能登谷氏〔青森県のトキワ養鶏農協組合長〕は、自家配合飼料に踏み切りました。そうして、自家配の優位性を立証する試みに取り組み、トキワ養鶏での実験では、トウモロコシなどの穀類が六九・三%ですが、ぬか類はゼロで、生草の代わりにルーサンミールを三%とし、白レグ種（シェーバー）で年間産卵率では八〇%を超える驚異的成績をおさめ、「五〇g（日量）産卵」が夢ではないことを実証しています。また、そのエサには飼料添加薬剤も使っていませんので、安全性の高い卵だと思われます。

このような優れた産卵性能は、ぬか類に多く含まれている微量要素のビタミン類、ミネラル類、メチオニンなどの栄養剤が工業的に生産されると同時に、生草の代わりになるルーサンミールで代用ができるようになっている近代技術の進歩に依拠したものですが、同時に大企業の配合飼料のいかがわしさを物語ってくれています。このような現実を冷静に見つめなおさないと、私たちの努力は自然食信仰のお遊びになりかねません。

たまごの会養鶏は、伝統的な一昔前の農業養鶏を継承したものではありますが、ぬか類の配合割合が高いことを対外的に決して自慢できることではありません。なぜなら、麬や米ぬかの品質に問題があり、そのうえエサの〝自給体制〟をもたないからです。

まず麬の使用割合が二一%もあるということは、一五〇〇羽の成鶏が日量一一〇gの自家配を食べるとしても、年間一二・六トンの麬が必要で、小麦の歩留まりは平均で七八%ですから、もともとの小麦の量は五七トンになります。かりにもし自給しようとしますと、反収三〇〇kgとしても約一九haの作付け面積を必要とすることになります。

今日〔八一年〕たまごの会で使用している「増産麩」とは、政府がオーストラリア産の小麦を輸入し、「六〇％挽き」で製粉したもので、国内産の小麦ではありません。すなわち、日本の小麦の自給率が六％にすぎないのですから、市場を介して国産の麩を入手することは実際にはむずかしいのです。今日、日本に輸入されている小麦は五六〇万トン強ですが、そのうち約三〇〇万トンがアメリカ産、約一三〇万トンがカナダ産、約一〇〇万トンがオーストラリア産です。

カナダ産の硬質小麦はパンの原粉（強力粉）になるものが多く、一方オーストラリア産はエサ専用の小麦とビスケットなどの薄力粉になる軟質の小麦が多く、赤道を越えて運ばれてくることも手伝ってか虫がつきやすいと言われていますし、事実マラソンの残留性も高いのは事実なのですから、とくに「増産麩」に代わるエサに早急に切り替える必要を感じます。

私は次のような理由から、輸入小麦からの麩は、たまごの会農場のエサ原料にはふさわしくないと思います。

第一に、輸入小麦とその麩は鶏の健康を脅かします。そのために、たまごの会養鶏の成績は世間に比べてよくないのではないのかと、私は疑っています。したがって、二年間の採卵寿命を終えると、内臓に問題のある鶏が多いのは事実ですし、安全な肉と卵を食べられない一因だと思うからです。

第二に、輸入小麦はアメリカから余剰小麦の援助の名目でMSA協定〔日米相互防衛援助協定、一九五四年〕で入ってきたことに始まり、対日食糧戦略のなかで、学校給食にパンが持ち込まれ、「米を食べるとバカになる」と宣伝されてきました。輸入小麦は、日本の米食と日本の小麦生産の自給体制を崩壊させる武器だったのです。麩はその産物に他なりません。それは私たちの自給の思想の〝対立物〃だからです。

第三に、麹は農産物と呼ぶよりも工業的産物で、投機的な商品に他なりません。すなわち、小麦は外国の大規模な化学肥料を多投する工業的農業の産物で、その取引きはシカゴ相場の投機屋の操作対象ですし、総合商社の手を得て五万トンのタンカーに象徴される大型輸送手段に頼らざるを得ません。日本に輸入されてからも、日清製粉のような巨大な製粉加工工場を経由して、遠方から長期間をかけてやって来るのですから、大規模な加工畜産を象徴するエサだと言えるからです。

第四に、増産麹は農水省の〃エサ法〃によって輸入関税ゼロで輸入した小麦から生産され、備蓄されている、国の統制飼料なのです。しかし、いざという事態によっては「輸入食糧ゼロの日」の懸念される飼料に他なりません。異常気象や政治的混乱（戦争）によって危機が迫っている今日、その日に備えて、いまこそ小麦の自給運動を開始するまさに好機だと思えてなりません。

私たちが配合するべき麹は、自ら作った小麦か、または地域の農民との〃有機的関係〃のなかで生産した有機農業の小麦から生産したエサなのであって、したがって〃安全な小麦〃とその〃麹〃でなければならないと思います。そのような〃麹〃を使用するのでなければ、〈健康な鶏〉を育てることはできないと思いますし、したがって〈安心して食べられる卵〉も生産できるはずがありません。

麹を含めて、飼料自給は気の遠くなるような困難があります。たまごの会のとるべき道を次回に提起したいと思います。

「たまご通信」一九八号（一九八一年二月）

第5章　二羽のニワトリを庭で飼う

1　再びカゴのトリから庭のトリへ

物価の優等生と言われてきた卵価がどうしてこれまで可能だったのか、ご存知でしょうか。

私の幼少時代、ニワトリはまさしく庭のトリであり、農家の庭先にはそこらじゅうで放ち飼いされていたものです。しかし、戦後の近代化農政は、ニワトリの世界にも激変をもたらしました。群れ飼いされていたニワトリは大地から完全に隔離されてカゴのトリにされ、〝背番号制〟のせまい個室で管理されるようになりました。その結果、彼女たちは、大地ではばたき、土の中の微生物や小動物、それに緑餌をついばむ自由を奪われたのです。エサと言えば、年中同じ配合飼料で、ニワトリの病気の予防とエサの変敗を防ぐために、防腐剤あるいは抗菌剤、さらに消費者の目をごまかすために、合成着色剤なども添加されています。

しかし、人間がもし自然から隔離されて運動できなければ健康を増進できないように、現代のカゴのトリが本当に健康だとは思えません。昔の庭のトリは五年以上も生き、卵を産み続けていたのに、今日のカゴのトリの寿命は一年そこそこです。まさに現代のニワトリは生きものというより産卵機械のように扱われ、〝使い捨て時代〟を象徴する経済動物なのです。

工業化の論理はますますエスカレートし、一〇〇万羽規模の〝商社養鶏〟も進出してきました。この流れは日本だけのものではありません。アメリカでも〝動物工場〟化の嵐が吹き、伝統的農家は次つぎに駆逐されています。

かくの如く物価の優等生と言われる卵価は、土に根ざすニワトリを駆逐する過程で実現したもので、卵質の低下とセットだったのです。言い換えるなら、卵が〝農産物〟から〝工業製品〟に変質して実現したとも言えましょう。

私がカゴのトリの卵に不安を抱いたのは〝直感〟からでしたが、自分の幼児体験に裏づけられていたのかもしれません。幼少の時代、父が庭先で数羽のニワトリを飼っていました。いずれも卵肉兼用種（横斑プリモス・ロックや名古屋コーチン）でしたが、ふ化してから成鶏になるまで緑餌をたっぷり与えていましたので、ハコベなどを摘みに行かされた体験は忘れられません。

また、農業の工業化で、食の安全性に疑問を抱き始めたころ、田舎へ帰省した折、キノコ狩りから帰ってきた母が、「松林の中で突然工場のような建物があったので見ると、鶏がせまいカゴに閉じ込められているので、かわいそうで、見ていられなかった。もう卵なんて買って食べる気がしなくなったわ」と話すのを聞き、同感だと思ったのが忘れられません。

結局、工業化の論理は、生きものを虚弱化させ、本来の健康を破壊することを前提にしたものであり、本当の〝食べもの〟生産には向かない。そうであるならば、生きもの論を踏まえた「もう一つの畜産」を模索する必要がある、と考えるに至りました。そうして七〇年代初頭、〝たまごの会〟の運動に深くかかわる道を歩んできました。以来、都市に片足を突っ込みつつ、鳥の世界に思いを馳せるような生活を送ってきました。

田舎的暮らしとは、たんに都会から地方に移住することではなく、都会での暮らし方を部分的に田舎的に変えながら、農的感性を磨いていくことであり、それは不可能ではないと思う今日このごろです。私たちの夢みる田舎とは、カゴのトリの世界ではなく、庭のトリとニッコリ対話する世界だと思うのです。そのような世界は、都心の兎小屋ではむずかしくても、小さな庭のある生活でしたら不可能とは言えないのではないでしょうか。

2　庭の雑草退治にニワトリを放つ

娘は結婚して神奈川県葉山町に住み、孫娘と三人で暮らしています。一〇坪ほどの垣根に囲まれた小さな庭では犬のメロンを飼っていますが、夏になると、庭は草がぼうぼう、毛虫や青虫、それにヘビなども出てくるので、庭で干し物をするのも怖いと、都会っ子の娘は困っていました。

「火炎放射器式の除草器はどうかしら」と相談されたので、「それよりも庭にニワトリを放してみたら」と提案したのが契機で、さっそく実行に移してみました。特別に鶏舎を作らずに、庭全面をニワトリの生活空間にすべく、放ち飼いしてみることにしたのです。トリが庭から外へ出ないようにするために、垣根の外側は網で囲いました。その網は、もとは地曳き網の切れっ端です。

庭のトリは日がな一日、庭中をわが物顔で駆け巡り、土をつつき、虫や雑草の芽をついばんでしまいます。ニワトリは発芽しかけた芽が大好物で、とくに喜んで食べる習性があります。新芽には、人間にはわからない何物かが潜んでいるのかもしれません。雑草は生い茂るどころか、トリのエサになり、夏でも手入れした庭のようにきれいになりました。何せ早起きするや、庭掃除を始めるのですから、雑草が大きくなる余地はありません。暗くなると、ニワトリは軒下の高い所に跳び上がり、勝手に寝ますので、手がかかりません。

しかし、たった二羽のトリのエサでさえ、庭の草とミミズや虫だけというわけにはいきません。そこで、電撃式の殺虫機器を軒下にさげておくと、夜ショック死した虫が、ニワトリの朝メシになります。配合飼料やトウモロコシ(二種混)はなくてもすみますが、食事の残りものや魚のアラ、さらには砕いた貝殻は与えています。ニワトリは、人間の食べるものなら、ほとんど何でも食べると言っても過言ではありません。

油断をしていると、とくにエサが足りないときなど、ちょっとした隙間から庭の外へ出て畑などをほじくる心配があります。庭の片隅に植えておいたトマトやナスもトリにつつかれた形跡が残っていたり、畑の土を掘り、ミミズなどを探したと思えることがあります。

3 生ごみはニワトリのエサに

二羽のニワトリは、ロード系のワーレンという卵肉兼用種ですが、週一〇個以上の卵を産むので、一家で食べる分は完全自給できます。殻の硬い黄身の濃いホンモノの卵を食べられるようになってみると、市販の卵はまずいだけでなく、何となく薄気味悪く感ずるようになったとのことです。でも、遊びに来た友人に、「この卵は、あのニワトリが庭で青虫などをつついて産んだんだよ」と説明してあげたら、「そんな気持ちの悪いエサを食べたトリの卵だと思うと」と言われ、ショックを受けたとのこと。

孫娘が庭に出ていくと、手に持っているお菓子を狙って、トリたちが走り寄ってきて、おねだりします。もうすっかり、ニワトリたちは家族の一員のように慣れ、文字どおり〝家畜〟になっています。庭の主だった犬のメロンは、後から闖入《ちんにゅう》してきたニワトリと仲良くしているとは言えません。自分の食器からトリが魚のアラなどを失敬しようものなら、吠えてトリを追い散らし、ストレスを発散させています。とはいえ、メロンは野犬や野良猫の襲撃からトリを守り、立派に番犬の役割を担っています。

ニワトリを飼う動機は、庭の雑草退治でしたが、その目的は達成されただけでなく、おいしい卵を自給できるようになりました。また、残飯類は廃棄物として行政に処分してもらうものではなく、トリのエサに活かされ、土を肥やす源であると同時に、庭の虫も以前のように怖くなくなったと言います。

ニワトリが家族の一員のように暮らしに溶け込み、孫娘はニワトリとの交歓を通じて、生きものと親しみ、土に親しむ感性を自然に身につけてくれるものと思います。

『田舎暮らしの本』一九八七年秋季号。

第6章　黒豚をとおした提携

1　黒豚との出会い

一九七〇年代の初めに「たまごの会」では、筑波山麓の八郷に消費者自給農場を建設しました。都市会員に有機野菜や自然卵を自主配送するだけでなく、石油タンパク拒否の願いを込めて会員から残飯を回収し、豚を飼う試みを始めました。

それにふさわしい品種は大型種のランドレースなどではなく、戦後どこの農家の庭先でも飼われていた中型種の中ヨークシャーや鹿児島黒豚（バークシャー）だということになりました。その理由はエサと品種はセットであり、高栄養の配合飼料なら大型種が、低栄養の残飯では鹿児島黒豚があうからです。つまり、会員から回収される残飯は野菜屑が主で、カロリーとタンパクが少ないために、大型種は太るどころかやせ細る始末です。しかし、すでに昔の豚は絶滅しかけ、入手できません。

そこで鹿児島を訪れる機会に、鹿児島黒豚一筋に生きてこられた永田文吉先生に農家養豚を見せてほしいとお願いしました。鹿児島空港には永田先生の代理として渡辺近男さんが迎えてくださり、農家養豚の実際を案内してくださいました。そのおりに、渡辺さんが若かりし日にヨーロッパ養豚の勉

黒豚のきんじを世話する筆者（76年ごろ、たまごの会八郷農場）

強にひとり旅体験を話され、地域ごとに品種と飼われ方が違い、永田先生の持論「豚は風土の産物」に改めて共感し、確信を深めたと、熱っぽく語ってくださいました。ソロバンだけではなく、気骨と志の高い人柄で、明日の日本を背負って立つ種豚家になるにちがいない、との印象を深くしました。

そのご縁で、「たまごの会」農場では渡辺さんから頂いた種豚を飼い、残飯養豚に取り組みました。「たまごの会」で黒豚を飼ってみましたが、味では渡辺「黒豚」にはかないませんでした。氏のいう「風土の産物」という言葉の重みを改めて痛感させられた次第です。

2　島豚と近代化の影響

〔前略〕明治以来、バークシャーという品種が日本に定着してから百何年間、奄美の島々では営々と鹿児島に根づいた品種を絶やさない努力が続いていたのです。一方、関東地方では、中ヨークシャーといわれる白い豚——あの鼻のクシャとした中型種ですね——がいたのに、現在〔七八年〕ではほとんど絶滅に近い形で、危機に瀕しているわけです。それにくらべると、鹿児島黒豚は県のテコ入れもあり、まだ生き残れる基盤をもっているわけですね。その生き残れてきた土壌とは何だったんだろうかという疑問があったわけです。

だから鹿児島黒豚のルーツをたどり、南の島々を訪れてそういう豚が定着した歴史をながめてみるという作業を通じて、近代化がある意味で完全におよんでいない地域と、それから関東などの、近代化にもっとも洗われた地域との違いが、わかるかもしれない——そういう期待をもって、ぜひ鹿児島から奄美大島や、とくに豚に特色があるといわれる徳之島、そのあたりの農家を見てきたいと思っていました。

これは徳之島の獣医師の方から聞いた話ですが、島では一人が一年間にだいたい五〇kgの豚肉を食べるそうです。これは大変な量なんです。魚屋さんより豚肉屋さんのほうがはるかに多く、店という店が豚肉屋さんだといっても過言ではありません。豚の料理も内地とはずいぶん違い、豚足料理とか豚肉料理といった骨つきの料理がちゃんと残っているのです。その歴史をたどってみますと、明治期にバークシャーが渡来するずうっと以前から島豚《しまぶた》が飼われていて、自給自足の食生活の伝統があって、それがまだ残っているということなのだと思います。

現代の養豚界をながめてみると、企業養豚へと変貌するなかで大型品種が大手をふるい、バークシャーは被抑圧者なのだけれども、ところが奄美では明治以来逆にバークシャーが侵略者の位置を占めてき、島豚に対して一種の権力者の役割をはたしている、という〝二重構造〟が見えてくるわけです。

奄美大島には、いまでも島豚がいるというので、ぜひそれが見たいと訪ね歩いたのですが、耳の型がちょっと違っていました。島豚でもっとも原型に近い形が「喜瀬豚」だという話を聞きまして、はじめて喜瀬豚という名前を知ったのですが、私たちはそこで養豚家たちにこういう島豚をもう一回見直してみる必要があると訴えると、先方がびっくりしていました。

これまで近代化の影響を豚の品種のなかで見てきましたが、近代化の流れのなかで地域の生活文化で、何が変わったのかというと、昔はお米なんかを基本的に自給していたけれど、そういう自給基盤が完全に崩壊しているということです。それが何によって崩壊したかというと、二つ理由が考えられます。

ひとつは〝お金をかせぐ手段〟ということで、たとえば大島紬の内職でお金をかせいで内地から米を買えばいい、といった商品経済の論理が完全に入ってきているということ。

もうひとつはそのことと密接な関係があるのですが、かつて島豚を飼っていた時代には、サトウキビだけでなく、サツマイモ栽培もかなりのウエイトを占めていました。このサツマイモに麦や大豆なども入れて、そのなかでサトウキビもつくるといった輪作体系のなかにサトウキビ生産が位置づけられていましたが、サツマイモが絶滅に近い状態に減り、サトウキビだけの単作栽培に移っていったということです。サトウキビというのは年に一回刈れば、自然に芽が出てきて、あとは化学肥料と農薬を撒いておけば大丈夫なものだそうです。しかし、最近ではモノカルチャーを進めていった結果、穂がカビ性のもので黒くなってしまう病気が相当出てきているそうです。

ふりかえってみますと、伝統的食生活にふさわしい、どこの農家の庭先にも農業養豚があり、その糞尿は有機質肥料として畑に還元されてきたのです。一九六〇年ごろ、奄美群島には約三万から三万五〇〇〇頭の豚がいたのですが、最近ではそれが一万二〇〇〇頭くらい、つまり三分の一くらいに減っています。しかも、その豚の品種もランドレースのような大型品種になっています。鹿児島から配合飼料が運ばれてくるわけです。もはや風土の産物ではなく、完全に植民地的な養豚になっています。内地の養豚のさらにもう一歩植民地的な養豚、そういうものを平気でやるようになってきているのです。しかも、頭数が減ってきているということは、そういう養豚でさえ、なかなかやる人がいなくなり、有畜農業というものがくずれていって、だんだん畑が荒廃してきているのです。〔中略〕

島豚という品種は発育が遅く、体は小型ですが、食べるとものすごくおいしいそうです。それに非常に粗食に耐えて、強健で、産仔数が多く、しかも非常に子育てがうまいという特性があるから、農家が副業的に飼うには非常に適しているわけです。ところが、そういう品種はどんどんなくなってきて、いまではむしろハンプシャーとかランドレースなんかを主体とする大型品種がのさばり、島豚だけでなく、バークシャーをも席巻しそうな感じです。

さっきも出ました畑の問題でいいますと、サトウキビ一辺倒で、自給的な生活の根っ子であるお米の生産なんかを完全に放棄している、ということがひとつ。それからもうひとつは、ああいう土地ですから田んぼが足りないということで、米作を補うという意味で、サツマイモというのがかなり大きな位置を占めていたにちがいないのですが、その甘藷の生産もほとんどゼロに近い形で崩壊しています。それは生産統計からもはっきりしており、六〇年からこの一五年くらいの間に、ストーンとおっ

こっているんですね。農家戸数は、群島全体で約半分くらいに減っています。〔中略〕

亜熱帯の風土のなかで、ああいう島豚が残ったということは非常に貴重なことなのだが、それを私たちの問題としてとらえ返すとき、何をいま考えなければならないのかというと、関東地方では、中ヨークシャーが根づいてきたのです。その豚のよさを再度見直して、そこからいまの新しい状況に見合う、自分たちなりの有畜農業を考えなければいけないのだろうと思います。ですから、ずっと大先輩の島豚――これは明治の前からいたらしいですけど――が奄美できちんと復活し、新しい状況のなかで存続していってほしいし、そのことが私たちの中ヨーク種の見直し運動への大きな励ましになります。〔後略〕

3　品質と信頼関係で風土の産物を守る

その一方、近代養豚は、薬漬けにもかかわらず豚の病気が多発し、消費者からは安全性に疑問が噴出していました。当時NHK『明るい農村』のディレクターだった妻野海郎さんは、近代養豚で奇病や奇形の豚が増えているのはエサに問題があるのではないかとの番組をつくり、大きな反響を呼びました。続いて、『今、家畜に何かが……』という特別番組で、「ムレ肉（PSE筋肉）」問題を取り上げ、近代養豚がムレ肉を構造的に生み出している背景を取り上げ、国際コンクールで金賞を取り、社会的にも大反響を呼びました。

しかし、近代養豚を告発するだけでは明日の指針にはなりません。そこで、妻野さんは『黒豚復活』という夢とロマンの番組をつくりました。永田先生が追求してきた「風土の黒豚」が、農家の手でから芋や鰹のあらで飼われている姿が生き生きと放映されました。

それを見て「土を活かし、石油タンパクを拒否する会」の中核的担い手の、塩の会の佐伯吉野さんと所沢生活村の白根節子さんから黒豚を産直したいと、相談されました。そこで三人で鹿児島の産地の農家を訪ね、渡辺さんと黒豚の共同購入の話をまとめ、黒豚の産直が始まりました。しかし、順風満帆で広がってきたわけではありません。東京の佐伯さんと鹿児島の渡辺さんが、品質などで長電話でかんかんがくがくの議論を重ね、お互いの理解と信頼を深め、ずいぶん苦労して、やっとここまで続けてこれたのです。

始めて間もなく、渡辺さんが不安そうに「消費者グループとの産直が四年続けられるだろうか?」と、首を傾げていた時代もありました。が、佐伯さんと渡辺さんの執念に支えられ、なんと二〇年続き、社会的信用を博し、ここ〔九五年〕まで発展してこれたのですから感無量です。

私事で恐縮ですが、「たまごの会」で鹿児島黒豚に目を付けたこと、たまたま渡辺さんとお目にかかり氏の夢に感動できたこと。妻野さんがつくったNHKの「たまごの会」の放映の際に知り合えたこと。その一方、石油タンパクの開発に反対し、「土を活かし、石油タンパクを拒否する会」を結成し、佐伯さんらといっしょに運動できたこと。そのような歴史を踏まえ、はるか離れた生産者と消費者の縁結びに立ち会えたことをしみじみ幸せに感じる今日このごろです。

ガットからWTOへ移行し、貿易の自由化がいっそう進み、台湾を筆頭に輸入豚肉がスーパーを独占する時代も間近に迫ってきました。輸入肉におされ、ばたばた日本の養豚業者が潰されています。

その一方で、「黒豚の会」が刺激剤になり、黒豚ブームが到来しました。しかし、皆さんが食べている渡辺黒豚と、一般市販の鹿児島黒豚は、どうして味がまるで違うのでしょう。豚の味は単に品種で決まるのではなく、エセと飼われ方に大きく影響されるからなのです。輸入濃厚飼料だけで飼えば、肥育効率は上がっても、黒豚特有の本来の〝脂身の味〟は乗りません。

そんなエセ黒豚に堕落しないために、本来の「風土の産物」にするために、から芋や野菜屑などを多給し、肥育期間を十分取り、かくして安全性とおいしさを守ってください。そのためにも、妻野さんのつくった『黒豚復活』をビデオでもう一度見直し、また『有機農業の事典』（三省堂）で、渡辺近男さん執筆の「わたしの黒豚作り」をぜひお読みください。永田先生の志を受け継ぎ、種子島にかける氏の姿勢が生き生きと展開されています。

これから輸入肉に対抗するには、価格競争ではなく、風土の産物にふさわしい「品質と信頼関係」で勝負する以外にありません。そのためには、生産地の情報が消費者に正確に届き、相互の信頼関係が確立し、再生産が可能な価格が設定されねばなりません。あわせて、つくり手の志が消費者に届き、反対に消費者の思いが生産者に通う関係をつくりあげることが大切であり、そのような生産と消費を結ぶ真の提携を進めていけるかどうか、それがこれからの発展の鍵なのです。

1・3節は『くろぶた』（黒豚の会20周年記念）一九九五年九月、2節は『土と健康』一九七八年八月号（『石油タンパクに未来はあるか』（績文堂、一九八〇年）収録）

第7章　私がめざす食べ方と農業

1　私たちからの対案

〔前略〕国の一九九〇年度の「農産物の需要と生産の長期見通し」について具体的な対案を提出したい。

今日の若者を中心とする米離れは、アメリカのテコ入れもあって、学校給食や欺瞞的な栄養学とテレビの宣伝によって意図的政治的につくられてきた面が大きい。その流れを歴史の必然であるかのように錯覚して、知らず知らずのうちにいつのまにか三度三度の米食から、朝食はパンとコーヒー、昼食はうどん、そして夜はビフテキ、といった具合に流されてきた。その結果、現代の成人病が増えたり、〔中略〕動物タンパクによるアレルギー患者が増えただけでなく、米があまる事態を迎えたのではなかったか。いまこそ人びとが米食を本来の主食の座にすえ、肉食から一歩一歩離れていく歩みを始めるときではなかろうか。

とはいっても、ただちに「玄米菜食」を主張しているわけではない。具体的なモデルとしては、一九六〇年代初めごろの食生活を目安にして、当時の〝農〟と〝食〟を再評価して、現代にふさわしい道を探ってはどうだろうか。あえて農水省のめざす食生活への対案を描いてみると、おおよそ次のようなことになろう。

①米について

国民一人、一年あたりの米の供給純食料（消費量）は、六〇年度には一一五kgであった。それが七九年度には八〇kgに下がり、農水省は九〇年度には六三〜六六kgに減らす見通しを立てている。私は一〇〇kg台に増やす目標を立てるべきだと思う。ただし、その米は、〃有機農業米〃であり、自然乾燥による生きた米であり、玄米で食べてもおいしく安心して食べられる米でなければならない。

②牛肉について

牛肉の供給純食料は一人、一年あたり六〇年度には一・一kgであったが、七九年度には三・四kgとなっている。農水省は九〇年度には四・六〜五・〇kgと四〇〜五〇％増を見通しているが、私は二kg台をめざしてはどうかと思う。ただし、その牛肉は、濃厚飼料主体のエサでは飼わずに、自給の粗飼料で飼った赤身の多い牛肉であり、農家の庭で堆厩肥生産のために飼われるか、今日でも山間地で放牧主体で飼われている日本短角種のものであるべきで、輸入牛肉であってはならない。

③鶏卵について

鶏卵の一人、一年あたりの供給純食料は、六〇年度には六・三kgであったが、七九年度には一四・七kgと増えた。農水省は九〇年度には一五kgと横ばいの見通しを立てているが、私は約一〇kgに減らしたほうが望ましいと思う。とはいっても、その卵は平飼い（放ち飼い）養鶏の卵であって、微量要素を充分に与えられた健康な鶏が、にっこり笑って産んだ卵であるべきで、黄身の濃い卵だけにしたい。

以上、米・牛肉・鶏卵を例にあげて、農水省と同じ土俵に上がって考えてみた。が、食とは本来、個人差の大きいものであり、それが当然なのであって、画一的に上から号令を発してよしとするのではない。自らの歴史的食性を大切にしながら、一食一食に思いを込めて生活を送り、〝一億半病人〟といわれる現代の生活から脱却したいものである。

もし本来的な健康な生活を求めるとするならば、それぞれの風土からとれる有機農業の新鮮な作物を調理するにこしたことはないのであるから、〝作る人〟と〝食べる人〟の有機的関係を介して、初めて健康な食生活が可能になるといえるであろう。このような食生活革命をめざす広範な人びとの運動を展開するなかで食の自給は可能となり、未来はおのずから開かれよう。

2 では、どんな農業がふさわしいのか

では、その際の有機農業の営農内容はどのようなものとなろうか。

農の営みもまた、それぞれの自然環境に規定されるので、一様な姿を描くことはできない。山地、水田地帯の平野部、畑作地帯、都市など各々の地理的社会的条件に規定されて営農内容が異なるのは当然の話であり、「新しい農の世界」は多様な形で展開されるほかない。〔中略〕あえてそのモデルを私なりに描いてみるならば、次のような姿となろうか。

鶏は一〇〜二〇羽を庭の鶏として飼い、赤卵を産むおとなしい鶏種とする。エサは完全自給の米ぬか、くず米、麩、台所の調理くずや出荷作物の残りものと、エサ用に特別に作ったエサ米と、庭の鶏が自らついばむ昆虫類などである。肉用牛（役畜）は一〜二頭で、裏山の落ち葉や稲ワラを糞尿といっしょに踏ませて、堆厩肥生産を主目的として飼われている。エサは穀物を与えず、牧草とあぜ草が主体だ。

田畑は、一〜二ha規模の平均的な面積であり、自分の食卓は自給を原則とする作付けなので、一〇種類とまでは多くなくても、それに近い作物が、輪作されている。田植えは手植えであり、除草剤は使わないかわりに、〝縁〟があってその米を食べるようになった都市の消費者が援農に来て、いっしょに汗水を流して除草をする。その田圃にはドジョウやフナが泳いでおり、秋になればイナゴも来る。そのイナゴ、ドジョウにタニシなどが、食卓の動物タンパクの料理として活用される。

熱源は裏山の木材や、汚物をメタン発酵させた自前の燃料であり、水車を動力とするのどやかで静かな生活、そのような生活を保障する社会を実現したいものだ。

そのような営農では能率が悪く、これからの社会の進歩にはふさわしくない。何も一戸の営農のなかでの有畜複合経営ではなくても、かまわない。地域社会のなかに、専業稲作、専業酪農、専業畑作、専業養鶏の効率の高い経営を実現、相互に補完し合う社会もめざすのがこれからの道ではないか、との反論があろう。

だが、そのような方向には賛成できない。なぜなら、大規模な養鶏、たとえばブロイラー工場をみても一〇〇％購入飼料で飼われた輸入穀物の化物であって、自給分はゼロであるし、自給の目処もまったく立てられないだけでなく、健康な生きものを実現できないのであって、その経営は、鶏糞の悪臭公害を伴うのみならず、その糞は化学的抗菌剤などで汚染されていて、土を活かす有機質肥料としてもふさわしくないのだから。また、現代の流通機構を前提とすれば、作物の市況変動が激しすぎるだけでなく、卵価と米価と豚価のバランスも悪くて相互に補完できにくい経済的条件もある。

したがって、一戸の経営のなかに有畜複合を実現するのが、もっとも理想的な打開策になるのだ。が、それでは国民に充分な畜産物を供給できるわけがないとの反論もありそうなので、あえて手近なところから始められる畜産飼料の自給運動にとって庭の鶏を「一〇〜二〇羽規模」飼う運動の意義を考えてみよう。

八〇年の総農家数は四六六万戸である。もし一戸が一五羽飼うとすると、全体では七〇〇〇万羽となる。それで一人あたり二日に平均一個の卵の生産が可能になる。他方、今日の養鶏用の配合飼料は年間一〇〇〇万トンぐらいだから、もし農家が自前のエサで飼うならば、それだけで輸入穀物八〇〇万トンは不要になる。当然エサ米も作付けするので、過剰米は出なくなる。

ケージ飼いの鶏を庭の鶏に開放する運動は、カゴの鶏を駆逐し、健康な生きものの栄養豊富な卵とカシワ肉を供給し、その鶏糞が有効に土を活かす役割を果たすことになる。その道は、日本農業と私たちの食の変革の第一歩となり得るのだ。

『消費者のための有機農業講座1』ＪＩＣＣ出版局、一九八一年（原題「これからの有機農業運動・その課題と展望」）

第Ⅳ部　農の時代をもたらす運動

第1章　工業化社会から「農」の世界への自分史

1　技術者への志向

ときどき「工学が専門なのに、農業の工業化を研究しないで、なぜ有機農業なんですか?」と、聞かれることがあります。それに答えるつもりで、簡単に自分史を振り返ってみましょう。

疎開先が母の実家で、戦後に農地解放で地主から自作農に転落する姿を目の当たりにしました。村社会の人間関係の複雑さと断絶の深さを、子ども心に強く印象づけられました。疎開者としていじめられた苦い体験が脳裏に焼き付き、農村の茅葺き屋根と田んぼに象徴される景観へのノスタルジアがダブってインプットされ、いまだに親近感と疎外感が交錯したまま。幼少時代の閉塞感、そこからの逃避先が、私にとっては「コブナ釣りし、かの川」だったのです。

小学校では、朝礼の時間に「決戦だ、次の弾丸、僕らだぞ!」という恐ろしい標語を諳《そら》んじさせられ、竹槍で藁人形を突く訓練をさせられました。ところが、戦争に負けるや、その先生が掌を返すように民主主義を教えてくれたのです。その豹変ぶりを責めるのは酷ですが、〝自分が経験し、確信したこと以外は信じられない〟との思いが子ども心にも深く刻まれました。

高校時代になって、第二次世界大戦で敗けた原因（である）「B29」＝〝科学文明〟に「竹槍」＝〝神風精神〟で挑もうとした非科学的思考の愚かさから目覚め、戦後の日本は近代化による工業によって自立するしかないと考えるようになりました。それが工学部に進学するきっかけになりました。

しかし、戦争によって受けた深い心の傷が癒えない時代に朝鮮戦争が勃発し、日本で再軍備の足音が大きく聞こえ始めました。その危機感から、学業そっちのけで「聞け、わだつみの声」を繰り返すなど、平和運動に没頭する学生生活のなかで、戦争の原因は資本主義の構造、「死の商人」の演出によるものと、単純に割り切って考えるようになります。

人間を労苦から解放し〝夢を実現する〟はずの技術が、戦争の手段にされてきた歴史に暗い気持ちになり、技術者とはしょせん労働者を搾取する資本の僕《しもべ》にすぎないのかと、愕然としました。が、戦争を阻止できるのは労働者権力なのだから、せめてそれに技術者として側面からコミットできるようになりたいと考えていました。

大学を卒業し、リコー（株）に入社し、複写機（電子写真）の設計研究の仕事に配属されてみると、意外なことに学生時代に描いていた暗い疎外労働の職場ではありません。高度成長の勃興期に事務機の仕事に夢中になり、技術者として、創造することの喜びを一時、楽しませてもらいました。ところが、会社で労働組合結成の動きが活発なとき、故・市村清社長はそれを阻止するために、「私を信じて労働組合に加入しない」という誓約書を従業員に要求したのです。個の精神の自立を脅かすものとそれを拒否したのを契機に、会社の体質がいやになり、会社を辞めることにしました。もう一度、学問をと思っているときに、都立大学で電気物性の研究生活をする機会に恵まれたのです。

2　ダニの衝撃――科学信仰からの目覚め

それまでの木賃アパート暮らしから、一九六八年に抽選でやっと都下の鶴川団地に入居できたのもつかの間、ケナガコナダニとそれを捕食するツメダニの大発生に悩まされました。住民が「ダニに刺されて痛い」と抗議すると、公団側は「シケ虫で、人畜無害」と言い逃れ、うるさい住民には殺虫剤のスミチオンを配って事たれりという無責任ぶりです。住民は自治会をつくり、公団に畳交換を要求しました。私はそのなかで「ダニの大量発生とその被害」の報告書作成を担当しました。

各家庭では自衛のために、公団から配布されたスミチオンに始まり、それでも効かないことがわかると、薬局からもっと強い殺虫剤（それが農薬であることも知らずに）を買ってきて、片っ端から散布しました。いまになってみると、それが恐ろしい有機塩素剤のＤＤＴ、ＢＨＣ、ディルドリンや有機リン剤のマラチオンだったのです。けっきょく、薬害で肝臓を患ったり、神経をやられたり、湿疹ができて苦しんだのは人間のほうで、ダニはへっちゃらでした。そのダニは夏が過ぎ、湿気が少なくなると、カゲロウのように消えてしまったのです。彼らは薬には強かったのに、湿気・温度という生活環境の変化にはびっくりするぐらい弱かったのです。

それは私にとって衝撃的な事件でした。調べていくうちに、ダニは稲ワラに由来していたことがわかります。そのころの酪農家は稲ワラを牛のエサにしていたので、牛乳から安全基準を超える多量のβ―ＢＨＣ（ＢＨＣを合成する工程で、殺虫剤成分のリンデン＝γ―ＢＨＣのほかに異性体のβ―ＢＨＣ

などもいっしょにできる。そこからリンデンだけを精製して製品を作っておくべきなのに、不純物入りのBHCを水田で撒いていた。ところが、その不純物は分解しにくくて動物の脂肪などに蓄積しやすく、しかも慢性毒性が強かったので、社会問題になり、それを契機に全面禁止措置が取られた）が検出されました。そこで、農林省（当時）はやむなく「牛に稲ワラを食べさせてはいけない」という通達を出さざるをえませんでした。

それほど水田でBHCが広く使われたのに、なぜダニは生き残れたのでしょう。その理由は、ダニは世代交代が早いために薬剤耐性をすでに獲得してしまっていたからです。水田でさえ殺せなかったダニを、人間の住む部屋で同じ薬剤で始末しようとしたことが、そもそも間違いだったのです。

昔の畳からダニがわかなかった理由は、田んぼにダニの天敵のトンボやクモなどがいて、ダニの繁殖を押さえていたからです。ところが、殺虫剤で天敵が真っ先にやられたので、ダニの天下になってしまいました。そのワラを十分乾燥させずに畳にし、しかもうちたての鉄筋コンクリートの部屋に持ち込むから、梅雨から夏にかけての高温多湿期に、爆発的に増えてしまったのです。

レーチェル・カーソン女史が『沈黙の春』で、「害虫が薬剤耐性を容易に獲得し、食物連鎖で捕食する天敵が真っ先にやられてしまう」と警告したことが、現実の問題となったのです。その事件に被害者として巻き込まれ、初めて「害虫には殺虫剤（農薬）」という図式的な〝科学信仰〟から目覚めました。しかし、学会で権威のあるSダニ学者は住民の苦痛をよそに、シャーレの中でダニ（実験室で培養された薬剤耐性を獲得していない同じダニ）は殺虫剤によって殺せるという実験結果を根拠に、殺虫剤で野生のダニを退治できるかの発言を繰り返し、公団の肩をもつ無責任な役割を演じました。

生活領域で客観性をよそおう科学は信用できないと疑問をもたされた矢先に、学園闘争が爆発し、その厳しい問いに触発されます。自分の研究はいったい誰のためになっているのだろう？　環境と人びとの健康な暮らしのためになる研究とはなにか？　いや、工業化社会そのものが、環境を収奪する泥船ではないのか？　そうであるなら、生活者の位相から研究活動を根本的に反省しようと思い直します。

3　生活者運動としての消費者自給農場

地域で生活協同組合をつくり、β—BHC汚染の少ない安全でおいしい牛乳を求める運動を始めました。そうしてみると、単に残留農薬だけではなく、牛がそもそも健康な飼われ方をしていないという問題に突き当たりました。当時の都市近郊酪農は粗飼料（牧草）を与えずに、濃厚飼料（トウモロコシ・大豆カス）を多給していたから、二度とお産もできない「一腹搾り」の不健康な牛にならざるをえなかったのです。

酪農体験を踏まえて岡田米雄さんが、「一腹搾り」のカス酪農（豆腐カス、フスマ、大豆カスをエサにしている酪農）の牛乳は飲むに値しないと厳しく告発をされていました。消費者は大地に放牧されている牛のホンモノ牛乳を飲めるようにすべきだとラジカルな主張をするだけでなく、共同購入運動に取り組まれていました。食べる消費者の立場から、共同購入を進める実践的姿勢が安全を求める消費者の心をとらえ、やがて首都圏消費者などによる「よつ葉牛乳」の共同購入運動に引き継がれていきます。

「牛に稲ワラを食べさせてはいけない」という通達は、酪農と稲作を分断するだけでなく、私には農薬を多投する近代稲作がそもそも破綻していることの証拠であると映りました。もはや農薬多投の近代農業を告発するだけではダメ。それに代わる生き物の健康を第一とする有機農業の実践、食べものの自給を目指す実践を始めねばと思いました。

当時は工業万能時代で、ケージ養鶏の白い卵しか売っていません。が、昔子どものころに食べた、あの卵の味は忘れられません。その時代に、岡田米雄さんから「これがホンモノ」という山岸会式の自然卵を紹介されました。それを食べてみたとき、昔田舎で味わったあの味が蘇り、その虜《とりこ》になり、食べ続けたくなりました。七〇年代初頭のオイルショックとアメリカの大豆の輸出規制で大豆が暴騰。その危機感をバネに、私たちは「自らつくり、運び、食べる」をスローガンとする消費者自給農場「たまごの会」〔第Ⅳ部第3章など参照〕の農場建設に夢中になりました。

当時、石油タンパクの安全宣言が食品衛生調査会で出され、大手企業が企業化計画を打ち出していました。それに対し、農業・農民不在の工業食品は開発すべきでないという立場から、石油タンパクの開発に反対する「土を活かし、石油タンパクを拒否する会」を結成し、その担い手の一人としても活動〔第Ⅳ部第2章参照〕。そのかたわら、「日本有機農業研究会」の常任幹事を引き受けることになり、日本農業全体の変革の必要性を痛感するようになります。〔中略〕

4 「たまごの会」から農家との提携へ

当時の私の主たる関心は、有機農業における「もう一つの技術」の模索でした。地元の小規模の酪農家と組んで日本一小さい低温殺菌のプラントを設計し、おいしい牛乳で、腐らずに発酵するパストゥーライズ牛乳をつくること。あわせて、世の中に出回っている大手乳業主導の、常温においても腐りにくいが、発酵もしない超高温滅菌されたUHT牛乳と、その延長上に登場しようとしていたLL（ロングライフ）牛乳の普及に歯止めを掛けること。その二つに情熱を燃やしていました。その原理をわかりやすく解説し、UHT牛乳に代わる本来の牛乳の普及に努めました（『怖い牛乳　良い牛乳』ナショナル出版、一九八六年）。

馬車馬のような運動に明け暮れ、ふと立ち止まると五〇歳になろうとしていました。私にとって米つくりは、ダニ闘争以来一〇年の課題でしたが、なかなか手を出す機会がありません。日本有機農業研究会の幹事会の席上では、代表幹事の故・一樂照雄氏からよく「君、いつまで卵、肉、牛乳だけしかやらないんだね？　日本人の主食は米であることを忘れているんじゃないだろうね！」と。

この時期に有機米づくりに挑戦しなければ、体力的にもぎりぎりかもしれないと焦り気味でした。そのようなときにチャンスが巡ってきました。当時の「食と農を結ぶこれからの会」（たまごの会が分裂してできたグループ）では、都市会員がそれぞれの農家に張り付き、農家から声が掛かれば除草などを手伝い、地元のプロの農家に有機米をつくってもらい、その米を食べるシステムでした。ところが、提携農家のMさん〔茨城県新治郡八郷町《にいはりぐんやさとまち》〕が病に倒れ、有機稲作を続けるのが無理になりました。「せっかく無農薬・無化学肥料を続けてきた水田を放棄するのは残念だ。それなら都市会員の自主耕作で切り抜けられないか」と相談されました。そこで、とりあえず一六aの田んぼは私が中心になって始めることにしたのです。

5　腹這い除草不要の多収稲作宣言

米つくりの経験はもちろんありませんが、やる以上、私らしいつくり方に挑戦してみようと思い、三つの宣言をしました。

①腹這い除草不要の米づくり

慣行農法では、田植え直後に除草剤を撒くだけで、ほとんどの雑草を抑えられます。しかし、除草剤を使わなければ、湿性雑草が繁茂し、稲の生育を妨げます。

除草剤のなかった昔は、中耕除草器を押しても、株元に生えかけている雑草を完全には取れません。しかし、暑い日、腰を屈めての手作業は難儀で、「地獄の苦しみ」と評される腰の痛い重労働です。素人の腹這い除草ではヒエの見分けがつかず、一株丸ごとヒエを残してしまうことはすでに体験ずみ。そこで、腹這い除草不要の技術に挑戦しようと思ったのです。

②有機稲作で反収一〇俵

「東北の多収地帯ならともかく、八郷では水と米がおいしいという定評はあるけれども、農薬と化学肥料を使ってもせいぜい七〜八俵しか取れていない。手押し除草器を二回ほど押したぐらいでは雑草に負けるから、手取りで三番草まで取っても、周りの反収七俵がやっとだろうな。もし反収一〇俵が実現したら、褒美に一斗樽出すよ！」

有機米をつくってきた農家に笑われました。当時、「有機稲作では、慣行農法より反収が三〜五割少なくなる」という常識がありました。①雑草に負け、②病虫害にやられ、③有機肥料は速効性がないからです。

ところで私は、「常識」的にではなく、①雑草が生えなければ問題ない、②稲が健康なら病虫害の心配はいらない、③化学肥料の即効性はなくてもボカシ肥料の利点を生かせるはずだと、プラスに考えていました。

③裏作で小麦などの二毛作

世界一高価な日本の農地を、稲刈りあと半年以上も遊ばせて、太陽の光は無駄に捨てています。関東以西は二毛作可能な地帯ですから、やる気にさえなれば日本の水田面積の半分一〇〇万haで小麦をつくれるはず。そうすれば小麦を自給でき、消費者はポストハーベストを心配しなくてすむ国産小麦を食べられます。まず、自分で裏作小麦を始めてみようと思いました。

未発表、一九九五年二月

第2章 土を活かし、石油タンパクを拒否する論理

1 問題の所在

有機農業の祖として知られるA・G・ハワードは、その主著『農業聖典』のなかで「地力の維持は、いかなる形態であれ、永続性のある農業にとっての第一の条件である」と主張している。

しかるに現実の農業では、地力は年々衰え、土は死に瀕している。〝永続性のある農業〟と誰がいえるであろうか。いや、近代農業は土を活かすのではなくて、むしろそれを収奪の対象としたときに成立したのだ。その結果、農業は工業化し、化学肥料と農薬で土壌微生物は死に追いやられ、そこに虚弱な動植物の世界が現出したのだ。農民の魂も工業化の影響を受けて荒んでいる。

いまや資本の論理は、〈人造食品＝石油タンパク〉の企業化を本格的に推進しようとしている。それには、もはや〈農地〉は必要でない。農民不在の工業生産である。そのために国が本腰を入れつつある。しかし、この石油タンパクは〝魔法の杖〟で生産されるのではないのだから、「石油が枯渇した日にはアウト」になるのだ。だから、それが仮に〝安全〟であり得るとしても、〝永続性〟のある生産は期待できず、そのかぎりで永続性を本質とする農業の敵対物である。そのうえ、農地は破壊さ

れ、農民の生活は脅かされることになる。

開発当局者はその必要性を強調するとき、〝世界の人口増〟と〝食生活の向上による肉食化〟を〝前提〟とする。そして、「食糧危機が来るぞ」と脅迫して、好むと好まざるとにかかわらず国民を納得させようとする。しかし、「人口が増大しても石油タンパクがあるさ」という安易な短絡的発想に、私は同意できない。インドやアフリカの人口増と飢えは、〈近代文明＝近代農法〉が低開発地域を洗い、その国の伝統的な生活を破壊した結果なのである。目先の生産力のみに着目し、農法と人間と自然の関係、すなわち自然循環の摂理を徹底的に破壊した結果である。

人間と土との有機的な関係が解体されたとき、人口が相対的に増加し、狂い咲きする。それゆえ問題は、〈近代文明＝帝国主義〉の論理に洗われて破壊された〈人間と土との関係〉を新たに再建することができるか否かにある。決して単に食糧の量の問題ではないのである。

第二の前提は、近代栄養学の〈食生活の向上＝動物蛋白摂取量の増大〉という図式である。しかし、動物蛋白を過剰に摂取することが、なにゆえに豊かな食生活といえるのか。食生活の豊かさを肉の摂取量で評価する考え方のなかに基本的な誤りがあると、私は考えている。近代栄養学と近代飼料栄養学は同根の思想を体現している。ケージ住まいの鶏が〈完全配合飼料〉をつつく姿は、団地住まいの私たちが〝完全で安全な宇宙食〟を食べる未来の姿と酷似している。

肉食文明の深みにはまることは、たとえば輸入ストップなどで、いざというときに食を断たれる危険に近づくことを意味する。食の本質とは〈人間〉と〈土〉との関係性の問題だということを忘れてはならない。〔中略〕

2　都市と農村――石油タンパクの再登場

それでは、石油タンパク再登場の意味〔一三八～一四四ページ参照〕は、そもそも奈辺にあるのであろうか。

現代文明を特徴づけるものはといえば、石油であり、鉄鋼であり、コンピューターである。元来近代というのは、機械文明の時代であった。ここで石油は単にエネルギー源にとどまらず、石油化学工業を通じて衣食住の生活領域に深く入りこんでいる。

衣と住の領域は、すでに石油化学製品で埋められてしまったといっても過言ではなかろう。食生活だけは唯一の例外といいたいところだが、残念なことに必ずしもそうはいえないのが現実である。

自然の循環系につながる〝最後の砦〟としての食生活も、すでに石油文明に侵略されている。たとえば「味の素」を例にとると、昔は小麦粉を練ったときのグルテンを加水分解して作っていたのであるが、それが消費者にはなんの断わりもなく、石油化学工業の過程で、石油から人工的に酢酸を合成し、その合成酢酸を主原料として増殖した微生物菌体（酵母）から抽出して作ることも可能になった（グルタミン酸発酵）。このような〝味の素〟が、以前と同じ商品名で、つまり「味の素」として売られているのである。

以前の天然酢に代わって食卓を占領しているのは〝合成〟酢酸であるし、また最近の日本酒がまずい原因は、米から醸造したほんものだけでなく、精製した醸造用のエチルアルコール（エタノール）

を添加し、味の素や糖蜜で味付けしているからだ。そのにせものに、国家が専売法にものをいわせて〝お墨付き〟を与えているのである。

天然の大豆から搾った油だからといっても、これまた必ずしも安心できない。昔なら圧搾して油をとったのに、現在では搾油効率を高めるために石油から精製したノルマルヘキサンで抽出し、その抽出媒体を加熱して食用油を分離している。千葉ニッコーオイル事件は、脱臭のための熱媒体（ジフェニールオイルなど）が食用油に混入して起こった事件であった。それゆえ事故原因は、単に管理体制にあるのではない。むしろ効率を高めるための搾油技術そのもののなかに潜む危険性こそ、問題にされるべきだ。

すなわち、食品添加物や飼料添加物だけでなく私たちの食生活の全体が、目に見えないところで石油化学の影響を受けていたのである。そして、〝最後の〟最後の砦であった蛋白食品の領域に、石油文明は本格的な挑戦を試みているのであり、それがまさしく〈石油タンパクの再登場〉の狙いにほかならないのである。

科学技術の発展した現代でも、たべものだけは農畜産物に依拠せざるを得ない。すなわち、農業・漁業・畜産業が健在であることが、私たちの生存にとって決定的に重要である。だから歴史的にみても、工業と交通の中心としての都市は農村に包囲された条件の下で存続してきたのである。都市と農村、都市住民と農民とは、いわば〈対《つい》的存在〉なのである。つまり、都市がいやしくも自治体といえるためには、都市住民の〈食〉を自給しうる体制、いいかえれば自ら農民をはぐくみ育てる体質が都市に備わっていることが前提となる。

しかし、現実はどうか。〝革新自治体〟といわれた東京都の場合を考えてみよう。そこは、工業・商業・情報産業・交通業・レジャー産業などが限りなく肥大し、独占資本の飽くなき利潤追求の場と化しており、そこで生み出された〈過剰資本〉は自らの胃袋の糧である近郊の農地を買い漁り、地価を暴騰させ、農畜産業を事実上壊滅させている。

その結果、東京近郊にはペンペン草に覆われて荒廃した農地、いや、資本の論理に占領された農民の〈墓地〉がなんと多いことか。都市の肥大化は、すなわち農村の過疎化である。都市化が進めば、農村は破壊され、後退していく。逆に、農村が独自の文化をもって対峙し、都市の侵略に対して闘うならば、都市の肥大化を阻止することができる。資本の論理が農業と農民の生活を餌食にしていく流れを阻止し得なければ、農村の死と都市の飢えは避けることができない。すなわち都市と農村は本来〈対的存在〉であるにもかかわらず、いまや敵対的関係にある。

だが同時に、都市と農村という形で地理的に区分できない状況に現実があるのも確かであって、都市にも農民の味方がおり、また農村にも都市化を受け入れる勢力がある。都市と農村とは、その意味では相互に交錯しつつ、入り乱れ、渦巻いているともいえよう。

近代化農政は伝統的農畜産業を解体し、工業の論理を農業に貫徹し、生産性の高い近代的農畜産業を確立してきた。すなわち、機械と装置、化学肥料と農薬など、大規模化と工業化によって生産性を上げなければ、経済が成り立たないように仕向けてきた。それの当然の帰結として、中小農家は破産して兼業化の道を進むか、生まれ変わって都市の労働力となり農業に敵対するか、いずれかを選ぶよりほかなかった。

都市の資本の論理は、農業と農民の屍を自らの肉として〝高度に成長〟した。生きていくために農民は、人間のたべものに値しない工業的農畜産物を生産せざるを得ず、〈たべもの〉を作る喜びから疎外された。化学肥料と農薬の投与によって、農地は〈無菌〉に近い状態になった。人はこれを〝衛生的になった〟というかもしれないが、実は〝土が死滅しつつある〟だけのことだ。こうして作った農作物は、見かけの形や色彩の良さとは裏腹に、まずくて危険な〈食品〉となった。それに、いくら合理化して生産性を高めても、農民は自分で生産した物の価格を自分で決定できない。貯蔵設備と流通機関を握る業者が、生産者と消費者の間に介在して市場を操作するからである。

そればかりか、農業を相続すると、若者はお嫁さんに来てもらうのも困難だという。G中学のY先生が苦笑していうには、「この土地で農業の後継者となって生きてほしいといって生徒を教育しているが、親たちから、〝うちの息子は上の学校に入れて都会のサラリーマンにしたいから、農業を続けよなどと学校で吹きこまないでくれ〟と頼まれる」のだそうだ。昔懐しい〈農民魂〉の荒廃の根は、息子に農業を継がせる夢もプライドも奪い去る〈虐げられた生活〉にあるといえよう。

ところで、もともと農業と畜産とは不可分の〈有機的関係〉にあった。しかし、機械により役畜が不用になるや、両者は完全な分業化の方向を辿り、農業と結びついた従来の畜産は工業的畜産業へと変質した。工業化した畜産業は、畜産動物を生きものと考える代わりに画一的な機械とみなし、ただもっぱら効率だけを追い求め、畜産動物と飼育者農民との〈有機的関係〉を断ち切り、農民から彼らの土法的技術ばかりでなく生きる緊張感をも奪い、彼らを近代的工場労働者と同質の〈疎外された存在〉に変えた。健康な畜産動物との緊張関係を失った農民は、畜産物の品質に対する消費者の疑問に応答することすらできなくなった。その行きつく先は巨大資本（商社）の餌食である。

石油タンパクはダイブに続く石油化学飼料の第二弾として、反芻動物のみならず豚や鶏などにも投与されるので、その影響は甚大である。畜産が近代化し、飼料栄養学が進歩すればするほど、畜産動物は不健康になり、その畜肉はますますまずくなる。とくに大量の石油タンパクを無理に食べさせれば、ますます〝屍化〟するばかりだ。彼らはそれぞれの歴史的食性から遠ざけられ、海と土から食うものまで取り上げられる。

＊

以上、近代文明は都市を舞台にして石油文明を開花させただけでなく、都市と農村をセットにして私たちの全生活領域を侵蝕してきた。資本の論理も学校教育もそのほか一切のものが、近代化を至善とし、農業の工業化、生活の合理化をはかるように、したがってかつての農民魂を放擲《ほうてき》するように洗脳する。かくして土地成金が生まれ、都市と農村のバランスが崩れ、破局が接近する。近代化農政と資本の論理は、農業の根拠地たるべき農村と農地を破壊し、その結果、自ら〈食糧危機〉を招き寄せた。

このように自らの手で危機を作っておいて、それを〈人口増〉と〈食生活の向上〉の問題にすり替え、その〝解決策〟だとして工業的食飼料の開発をあおりたてる。資本と行政当局とは互いに手をとりあって、石油タンパクの企業化実現を期しているのである。

3　石油食品生産とその政治的意味

開発当局者の安請合いによると、「人類が最終的に期待をつなぐ〈食〉は石油タンパク」で、人口が激増しても石油タンパクが〝救世主たりうる〟という。しかし、私は石油タンパクが〝救世主たり得ない〟と思うし、また救世主であろうとなかろうと、あるいは安全であろうとなかろうと、それを食べたくない。

まず第一に、石油タンパクが救世主たりうるためには、すでに示唆したように、それの〈永続的発展性〉が前提になければならない。しかるに、自然循環の摂理を無視し、資源の浪費を前提とする近代文明の論理には、永続性は無縁である。それは、太陽エネルギーの缶詰を無駄使いする道楽息子の所業とでもいうよりほかない。

「いや、まだ二〇～三〇年は地下資源は大丈夫、私の目の黒いうちは大丈夫」と反論する向きもあろうが、〝人類が最終的に期待をつなぐ〟とは、すぐ目の前の二〇～三〇年のことであろうか。次の世代の子どもたちに、「資源の枯渇した日、何を食べさせる気か、何を保証してくれるというのか」と問われたら、私たちは親として何と答えればよいのだろうか。

近代文明は目前の利益のみを求め、永続性を無視してきた。いや無視ではなく、永続性のある農畜産業を工業的に歪め、さらにそれを潰す役割を果たしてきた。近代文明に毒された私たちは、めまぐるしく変化する徒花《あだはな》に踊らされ、次から次へと登場する虚構の文化に慣らされてきた。しかし、

〈食〉の問題だけは、永続性がないかぎり、次の世代が必ず手ひどいしっぺ返しを食らう。〈悪の華〉に飛びつく愚かさを犯すことは許されない。

第二に、〝石油からビフテキ〟という言葉に象徴されているように、彼らは最高の蛋白食品を人工的に造る〝夢〟をもっているのだそうだ。だが、あいにく私は石油からのビフテキを食べたくない。にせものとほんものの区別がつけ難くなるほど技術の発展した時代が来るとすれば、私はなおさら恐怖を覚える。

たとえば、人間がビフテキを食べる意味を考えてみよう。私たちは肉の形と大きさを目ではかり、その色合いと血のしたたり具合を楽しみ、あの特有の匂いを鼻で嗅ぎ、あつい肉をほおばってその肉質を舌と歯で味わう。つまり、人間は全身で、ビフテキを介して〝自然を食べる〟のである。太陽（エネルギー）を、四季を、大地を食べるのだ。サンマや海草を食べるのだって、それを介して〈海という自然〉を食べているのだ。

私は、あくまでも〈伝統的なたべもの〉を食べ続けたい。本来の農畜産業が、太陽・土・水・空気と有機的に関係するなかで生産したものを食べたい。私が農畜産物を食べる場合、それは単に栄養学でいう蛋白質や炭水化物を摂取しているのではない。食べるとは、外なる自然に働きかけてたべものを作り、運び、調理して、食べ、肉体化する行為、つまり外的環境を内的環境に転化する一連の行為の〈仕上げ〉なのだ。

しかし、人工的石油タンパクのビフテキを食べるとなると事態は一変する。目で合成着色剤のどぎつさに興ざめて、鼻で石油化学製品の合成フレーバーの臭いを嗅がされ、舌でグルタミン酸ソーダを味わい、かくして食品添加物漬けの〈にせもの栄養食品〉に慣らされる。ビフテキだけではない。人造卵・ハンバーグ・肉マン・カマボコなどのすべての原料は石油タンパクとなり、同じひとつの蛋白の過剰摂取による危険性が出てくる時代もあり得よう。

こうして私たちは、石油コンビナートの片隅の〈反応釜〉を頭に思い浮かべながら、土を忘れ、自然を疎外した、牛も牧草も不要の〈文化的食生活〉の悲劇を噛みしめる。「PCBフリー・BHCフリー」という無公害を示す分析データ。〝栄養価はほんもの以上〟という各種栄養素を集めたオバケ。この〈夢の食品〉に恐怖するのは、私の原始的本能のしからしむところであろうか。

第三に、現代の巨大技術は決して中立的役割を果たさず、人間の階級的立場を表現する。石油タンパクの実現は、石油化学工業の少数の〈反応釜〉が日本人の胃袋を支配することを意味する。つまり、少数の巨大独占資本が農漁民の生活を破壊し、彼らを生産の現場から放逐することになるだろう。

顧みるに、〈一〇〇万羽養鶏＝商社〉が出現し、農家の庭先から鶏を駆逐したことが、誰に幸せをもたらしたか。土と海に生きる農漁民の豊かな暮らしこそ、私には願わしい。それゆえ、農漁民の生活を奪う巨大技術の開発は〈悪夢〉である。

そして、食生活の要である蛋白食品の生産と流通を、したがって私たちの生殺与奪の権利を握られることの危険は、これだけではない。アメリカが食糧を世界戦略の武器としてきた今日、輸入の全面ストップの危機を真面目に考えざるを得なくなった。また、国際緊張が過熱して、たとえば中東などで戦火が上がったら、いや石油コンビナートの事故によってすら、食を断たれる覚悟が必要になる。

ところで、私が「石油タンパクの食品化に反対である」と主張すれば、「消費者には選んで買う自由があるのだから、嫌なら買わなければよいではないか。商品がバラエティーに富めば、消費者に有利ではないか。しかも、畜産物の価格抑制にもなるではないか」と反論する人もいるだろう。しかし、実際の企業化段階では〝悪化が良貨を駆逐する〟ので、結果的には〈悪貨の選択〉を余儀なくされるのである。

現在ですら、たとえば、昔ながらの庭先養鶏の鶏卵を、あなたは買うことができるだろうか。私たちがスーパーなどで買える鶏卵は、鶏を産卵機械とみなした工業養鶏の生産した卵だけ。また現在でも、ハンバーグや肉マンの素材が〈人造挽肉〉かどうか調べて買えないではないか。〝石油タンパクのビフテキ〟が出まわる時代には、いや応なしに、学校給食などを通じて石油タンパク食品が活用され、ほんもののビフテキを食べられるのはごく一部の特権階級と食道楽家に限られるであろう。

したがって、私たちにとっての選択肢は、石油タンパク食品の出まわる社会を黙認するのか、それとも開発の動向を拒否し阻止するのか、いずれかしかない。そして、私は石油タンパクを容認する社会を選択しない。

第四に、石油タンパクのもつ政治的階級的意味はこれにとどまらず、国際的な広がりをもっている。人間はもともと、自らの食を自らの手で獲得してきた。この歴史的原則が、国際政治の場面で公然と踏みにじられてきたのだ。現代のアジア・アフリカの飢えの本質は、単なる〈量としての食〉の問題ではなく、近代文明に侵略された人民が、そのことによって自然への適応力を剝奪されてきた〈関係性としての食〉の問題なのである。北は南を資源の供給国として、収奪のための対極的存在として位置づけてきた。その結果、南の人民は自然との歴史的関係性を破壊され、飢えとの苦闘を強いられるに至った。

北の繁栄と南の飢えとは、同一事象の表裏である。北のチャンピオンであるアメリカは、過剰栄養の近代的食生活路線をひた走り、最もぜいたくなビフテキをたら腹食い続ける一方、農産物価格の下落を食い止めるために作付保留をすることはあっても、飢えに苦しむ南の人民に余剰農産物さえ供給しようとはしてこなかった。そのアメリカを中心とする国連の蛋白諮問委員会ＰＡＧ（議長はアメリカ、副議長はソ連出身）は、石油タンパクを推進する近代文明の立場に立ち、食糧不足の笛を鳴らし、ＳＣＰ（一三六ページ参照）の開発に血道をあげている。その委員たちは先進国の自然科学系の学識者で占められ、飢えと苦闘する当の人民の立場とその声を反映しない。そして、西欧の現在の〈食〉を指標として、その栄養過剰には目をつぶり、南の栄養不良を救うには蛋白不足を解決せねばならないなどと、白々しい議論をする。

ちなみに、日本人の食生活で肉類の摂取量がアメリカ並みに増えることが、健康と食生活の向上を意味するのであろうか。そのように考えるとしたら、当然、インド人は肉類の摂取量がアメリカ人の一・四％にすぎないのだから非常に遅れた民族ということになるし、菜食主義者も食生活が遅れており健康に恵まれないことになるが、これは事実に反する。動物性蛋白質の摂取量を文明のバロメーターにしようとする、このような考え方のなかには、欧米は進んでいて東洋は遅れている、とのアジア人蔑視の差別思想が含まれていないだろうか。

「山梨県鳴沢村は〈長寿村〉として知られている。ここでの長命者は、おおむね〈粗食〉で生きてきた人ばかりである。……この村は山間地で、米はとれない。豆でつくった味噌を多くとる」、あるいは「西独に滞在している犬養道子さんは、最近の西独では、どんなきらびやかな夜会パーティーでも白砂糖が姿を消し、ドイツ人の友人が〃とても健康によい食物〃といって、玄米と味噌汁を教えてくれた」という報告もあるのだ。私たちは改めて食生活の歴史をふり返ってみる必要があろう。

そもそも人類史をかえりみると、湿潤地帯には稲作が発達し、畑作地帯では大豆やトウモロコシが穫れ、稲作も畑作もできなかった高原には酪農が発達したのではなかったか。〈人間のたべもの〉とは、それぞれの民族が自らの環境とその歴史的風俗・習慣・信仰のなかで、自然を愛し、自然と闘い、それを通じて獲得してきた〈自然の変形物〉にほかならず、当然それぞれの地方の〈土〉と〈太陽〉と〈水〉からできているといってもよかろう。だから、人間のたべものには、安直な一般化を許さない〈個別性〉が、それぞれの民族の伝統とともに刻印されていると考えたい。

粗食で生活してきた人間、たとえば菜食主義者は、栄養分の消化吸収力が発達していて、大豆などから必要な蛋白質を十分に摂取してきたのであってみれば、果たして肉や魚やバターやチーズが彼らに必要であっただろうか。人間にとってたべものがこのようなものであるとすれば、〈近代栄養学〉への信仰は問題にされて然るべきである。「すべての人間に高級な動物性蛋白質が必要である」というのは〃迷信〃ではないのか。だから、そこから生まれる石油タンパクに対して、私は根底的な疑問を感じないではいられない。

すでに触れたように科学的議論は、低開発地域における食糧不足という〈量〉の側面だけを問題にする。しかし、ことの本質は量の問題にあるのではない。都市の過密と肥大化が農村の過疎と後退を生み、都会人が農民を食らい、近代の工業文明が自然と農村を破壊し、世界的には北の過剰栄養が南の飢えを条件とする、といった〈同一事象における敵対的相互依存性〉とその〈政治的構造〉にこそ、問題があるということなのである。

そして、北と南という冷厳な〈政治的差別体制〉の現実を直視するなら、北が南への人口対策として開発を予定している石油タンパクの果たす役割は、おのずから明らかになるというものである。つまり「世界の人口、とくに開発途上国の人口が等比級数的に増加している」ことを根拠にして、石油タンパクを論じていいのだろうか。そもそもたべものは、自分たちの土壌から労働を介して獲得すべきものであった。それは本来〈自力更生の思想〉で解決されるべきものである。たとえば、インドは、DDTを輸入し、大量に撒布し、農作物の汚染を招き、そのあげくはDDT汚染とマラリヤとの悪循環に苦悩している。中国における蚊退治が、殺虫剤によってではなく人民の力を総結集した〈政治〉によって解決されたように、インドにおけるマラリヤとの闘いも、DDTのような安易な資本主義的科学技術によってではなく、帝国主義者によって収奪され破壊された国土をインド人民自身が真の意味で奪還し再生させることによって、はじめて解決されるであろう。

DDTに頼ったように、インドがもし〝その場しのぎに〟石油タンパクに頼って食糧と人口の問題を解決しようとするなら、自らの農畜水産業の一層の破滅を招き、植民地主義者の餌食になるだけであろう。石油タンパクは政治的には、〝大東亜共栄圏の現代版〟としての〈科学帝国主義＝新植民地主義〉の武器にほかならないのである。

科学とかいって公正な立場を装う新植民地主義者は、アジア・アフリカの人民を〈鉄の鎖〉でつなぎとめるだけではあき足らず、近代の〝悪の華〟ともいうべき石油タンパクを〈食の鎖〉として利用しようとしている。つまり、北は自らの〈対的存在〉としての南の内部崩壊を食い止めるために、新たな武器として石油タンパクを手にしようとしているのだ。

日本における石油タンパクの役割は、一面では南対策であり、他面では農業不在の工業社会の実現である。それゆえ、工業社会の論理と対決し、石油タンパクを拒否し、土を活かす実践は、近代文明の侵略と闘う南の人民との連帯を意味するであろう。〔中略〕

4　石油タンパクを拒否する稲作文化

人類は環境に適応して、〈農〉の営みとそれに見合う生活文化を生み出してきた。日本の陸地の大半は山岳地帯であり、適度の降雨量に恵まれているので、独特の水田技術を発達させてきた。「水田は表土が風や雨水の激しい流れによって失われないよう機能しているばかりでなく、複数の水田を順次潤すことによって、効率よい土地利用を可能にしている。土を風化、損耗させることのない水田技術は人類の歴史のなかでも特筆すべき発明である[1]」と一橋大学の室田武氏は強調している。

考えてみると、山から流れてくる河川水は岩石を下流に運ぶことによって、その中に豊富に含むミネラルを田畑に与えるばかりでなく、落葉などの有機物を微生物によって資源化し、分解して供給してくれるのだ。だから、山岳地帯の山林は、人間にとっての単なる風景なのではなく、無機物とともに太陽エネルギーを活かした有機質肥料をも与えてくれる供給源になっていたのである。それを有益に活用する技術が水田稲作にほかならなかったのである。

この水田からは、日本では一haあたり約五トンの米が収穫できる。つまり、人間一人が一年間に一〇〇kgの米を食べるとして、一haの田圃は五〇人の人間の胃袋を養える計算になるはずである。いや、田圃は単に米を生産するだけではなかった。

一昔前の農村の生活を想い起こしてみればわかることだが、どんな小川にもドジョウやコイが棲んでいた。人間はドジョウやコイをとって食べることによって、田圃からの流水に含まれている無機物や有機物からなる栄養分を、魚を介して摂取していたのである。また、タニシも貴重な動物性蛋白質を供給してくれた。さらに、私たちは進んで田圃を活用して魚を養殖したり、魚釣りにたわむれて、自然との一体的な関係、〈有機的関係〉を実現してきた。それだけではない。田圃は米を生産すると同時に、稲わらや根茎などの有機物を生産してくれる。わらは畳の素材や牛のエサになったり、堆肥の材料ともなってきた。

とくに畜産との結びつきの少ない日本の畑作において、稲わらの果たした役割は大きい。農文協(農山漁村文化協会)文化部編の『戦後日本農業の変貌』には次のように述べられている。

「日本畑作の原形を地力維持の面からみると、ヨーロッパとはまったくちがうのである。日本の畑作では、山・原野と水田と畑作の三つが深くかかわって再生の仕組みを構成していた。地力の維持のための有機物の供給は、畑作だけの生み出すムギ・オカボ・アワ・ヒエなどの穀物による残渣の還元がある。しかし、これだけでは地力消耗のはげしい畑地では、地力をようやく維持するだけ。地力を高める仕組みが、山や原野からの有機物の供給、それに水田からの余剰のわらの補給だったのである」

このように考えてみれば、嬬恋〔群馬県〕の高原キャベツのモノカルチュアが破綻するのは当然である。[2]

ところで、日本の今日の稲作は、伝統的な稲作文化の特質を維持し、発展させているのであろうか。いや、破局への道をひた走っているように思えてならない。

第一に、機械化・化学肥料・農薬多投により、米の質が極端に低下した。〝食うために作る〟という原則が失われ、農薬がじゃんじゃん撒かれて、その安全性に疑いがもたれるに至った。また、稲架《はさ》掛けによる自然乾燥から電気乾燥に転換することにより、米は〈死の米〉と化し、鮮度の低下がひどくなった。籾《もみ》のまま貯蔵して食べる〈イマズリ米〉は姿を消した。せめて玄米のまま貯蔵すれば鮮度が保持できるのに、それさえもなされない。だから、現在の市販の米は〈死の米〉であり、生産および貯蔵の段階で薬漬けにされているため、有機栽培米特有の甘みも旨みもない。

第二に、穀物生産のために投入される石油エネルギーが極度に増え、労働力は少なくなった。エネルギー収支（産出／投入）の比は、一九五〇年の一・二七から一九七五年には〇・三八に激減した。つまりこの事実は、一昔前の米は〝百姓の汗の結晶〟であったのに、今日では〝米の姿をまとった石油〟に変質したことを意味する。

農具と化学肥料と農薬との化け物、換言すればアラブの石油の化け物を食べているようなものだから、消費者が農民の労苦と丹精に対して感謝する習慣を忘れてしまったからといって文句をいうわけにはいかない。つまり、農民は食べる消費者のために作るのではなくて、匿名の市場のために作るのであり、他方消費者も農民に感謝して食べるのではなくて、代価を支払った当然の権利として食べるのであり、両者の間の〈有機的関係〉はすでに破壊されてしまっているのである。

今日、消費者は食糧危機を心配するといっても、食糧そのものを心配するのでなく、奇妙なことにむしろそれを迂回して、直接にはアラブの石油を心配するという〈倒錯した意識〉をもつに至っているのである。すなわち、石油危機に直面すれば化学肥料や農薬のみならず動力源が断たれるので、米の自給力も半減しかねないのである。

第三に、「農薬漬け（ＢＨＣで汚染した）の稲わらを牛に食べさせてはいけない」との通達によって、農家の一頭飼い酪農も駆逐されたきた。(3) こうして、稲作と畑作と酪農との〈有機的関係〉も失われ、稲わらは有機質肥料として活かされずに焼却される場合さえ出てきたのである。いまや、畳さえプラスチック（発泡ポリスチレン床、ビニール製の畳表）で生産される時代になり、わらが農家の工芸品に活用されることもなくなった。

第四に、河川の護岸工事は山からの肥沃な養分を田圃に活かす機能を破壊した。それに拍車をかけたのが合成洗剤と農薬の多用である。その結果、田圃も〈死の水〉で覆われ、トンボも飛ばず、イナゴもホタルも消えた。当然、魚の棲息する環境でもなくなった。

以上にみてきたように、今日の田圃は工業の論理で荒廃した〈死に瀕した自然〉である。それにもかかわらず連作に耐えて増収が可能な現実をみるとき、日本の稲作の優れた特質をあらためて痛感する。この優れた田圃を活かし、稲作を軸とした日本農業の再建を計ることは、決して絶望的でないように思えてくる。

すなわち、長期的視野に立てば、輸入食飼料のストップまたは暴騰に直面する事態が予想される。そのとき加工畜産はアウトとなり、いやが上にも米食主体の食習慣に帰らざるを得なくなる。だから〝八〇万haの減反〟によって農地を荒廃させ、そのうえ農民の魂を荒廃させるならば、もはや取りかえしがつかなくなるであろう。

いま農協がなすべきことは、国の近代化農政の補完ではなく、〈農〉の原点を踏まえて近代化農政を推進してきた誤りを冷静に反省し、〈土を活かす農の営み〉つまり〈有機農業運動〉に本格的に取り組み、有機農業によって農民魂を打ち鍛え、その汗の結晶として有機農業米を作り出し、そうして自らの力で消費者の米離れを克服すべきである。現在の米の過剰は、作られた過剰である。だから、米の品質に対する国民の不信に応える〈農〉の営みによって、農薬汚染の心配のない米、生きた土の香りを乗せた〈風土の産物〉としての米を作り出すとき、つまり〈農の心〉がよみがえるとき、食糧危機とその裏返しである〈あまり米＝あまし米〉問題は解決されるのではなかろうか。

とにかく、アメリカ農業のイケニエにされて死に瀕している日本の田畑をよみがえらせなければならない。とりわけ裏作による麦作りを復活させ、できるかぎり食糧を自給する体制を作り出すことが急務である。そうして輸入食飼料を徐々に減らしていくべきである。

それでは、輸入穀物がストップする事態となったとき、日本を飢えが襲うのであろうか。その事態を乗り切る私たちの食文化は、いかにあるべきであろうか。

5 〈食〉文化の再検討

現代日本の文明はエネルギーの浪費文明である。石油エネルギーを浪費して資源危機に直面し、他方、その廃熱と「汚れ」で窒息しかけているように思える。食エネルギーに関しても同様である。穀物をじゃんじゃん輸入し、過剰栄養病にとりつかれたように健康をそこねている。

しかし、石油も有限な資源であり、原油価格は高騰し、その安定輸入にもかげりがさしてきたし、原子力発電も人類の存続を危うくするもので、そのエネルギーに期待はもてない。

だからこそ、更新可能な自然のエネルギーを有効に活用する新しい生活のスタイルを生み出さねばならない。また、石油エネルギーの浪費と訣別した〈農〉のあり方を追求するのが急務である。それと同時に、都市における生活のあり方を大きく革命する必要があるだろう。

とくに将来、輸入穀物による加工畜産に頼り続けることは困難であると思う。だが、輸入食飼料のストップによる食糧危機が必至だからといって、それに脅えて手も足も出ないようでは、それこそ困るのであって、むしろ今日からその日に備えて〈食〉の自給論を構築して、各人がその実践に着手し始める必要があるのではなかろうか。

石油がストップしたり輸入穀物がアウトになったりした暁にどう生きるか、と問われれば、どうしても、石油文明に荒らされる以前の、日本の伝統的食文化を踏まえて考え直す以外にない。

日本の歴史をふり返ってみるまでもなく、そもそも私たちの文化は稲作中心の農耕文化であり、畜産物をたらふく食べるようになったのはごく最近のことなのである。その食体系は、米を主食とし、魚・麦・ソバ・小豆……野菜を基礎にしたものであった。お正月に鶏の首を絞めることはあったにしても、である。このような〈食〉に適応して日本人の腸は長く、消化吸収力は西欧人に比べて優れているといわれてきた。しかしながら、今日の私たちは肉食文明に洗われるに任せ、歴史的に粗食に適応して獲得してきた先祖伝来の資源を活かさず、その特質を退化させてきたように思われる。

しかし、長い歴史のなかで培われてきた遺伝的食性は、一世代ぐらいでは簡単には変化しない。このことは、牛乳アレルギーの赤ちゃんや、動物性蛋白質を食べるとジンマシンができたりする体質の人が存在することをみても、明らかであろう。そのような資質を備えている人たちは、肉食よりも菜食のほうがむしろフィットする。

漢方医の小倉重成医師は自然治癒力を活かす医療を推進してきたが、自らも玄米と大豆と無農薬野菜主体の食養を実践し、「一日一食で、しかも七〇〇カロリー食」[4]を勧めている。ところで、日本人の必要摂取カロリーは一日二五〇〇カロリーで、基礎代謝は一二〇〇〜一三〇〇カロリーとする近代栄養学の常識からすれば、小倉医師の食養は理解されにくいであろうし、ましてや入院患者に〝一日一〇㎞のマラソン〟を勧めるスパルタ的な治療法をとっていると聞けば、驚かれる読者も少なくなかろう。

確かに標準カロリーの三分の一以下で健康に生活できるとすると、いままでの栄養学の存立根拠に疑いを抱かざるを得まい。実際、基礎代謝が一三〇〇カロリーということは一種のトリックのようなもので、二五〇〇カロリー摂取している人にとっては、そのうち一三〇〇カロリーが基礎代謝分だというにすぎないのである。

筆者も小倉先生の指導する池田ワコー病院で、わずか一〇日ほどであったが、生活してみた。そこの食事は素材がよく吟味されていて、しかも心をこめて調理されており、質素というよりむしろすばらしい御馳走を食べているという印象を受けた。また、空腹感はなく、むしろ顧みて日常的にいかに食べすぎているかを思い知らされた。とりわけ、現代人は運動不足で肉食文明病を患っているのだなあと痛感した。

日本人は近代栄養学に踊らされ、観念的に動物蛋白信仰の栄養病にとりつかれてきたが、輸入穀物の永続性のなさと石油エネルギー危機に直面したのをよい機会にして、いまこそ頭を冷やすべきである。そうして冷静に反省してみると、私自身も過剰食による肥満体質からいまだに脱却できていないことを痛感する。

しかし、だからといって、私自身は肉・牛乳・卵を一切止めて玄米・菜食主義者に転向したわけではない。が、稲作文明を踏まえた節食へと一歩一歩切り替えていきたいと思う。とにかく蛋白変換機械と化した畜産動物の悲劇を思うと、近代畜産の畜肉だけは食べたくない。とはいえ、いますぐ完全に肉を断つというわけにもいかないので、自給の可能な範囲で〈健康な家畜〉を育て、その生きものの生をまっとうさせるように努め、そうして飼った家畜を屠殺するならば、その内臓はもちろん足・尻尾・頭をまるごと御馳走として食べつくし、〈家畜〉に感謝の気持ちをこめて供養したい。その行為を通じて、生きものを食べ続ける〝業〟を噛みしめたいとでもいおうか。

6　私の有機農業論

有機農業とは〃無農薬・無化学肥料の農業〃のことではない。いや、動植物が病気にかからなければ薬は不要なわけだし、有機質肥料があれば何も金肥の化学肥料などはおのずから要らなくなる。つまり健康とは、生命体が病気でないことではなく、薬に頼らなくても自らの生命力によって病原菌に抗しうる状態のことである。たとえば無菌室に隔離されて発病していない赤ん坊は、病気でなくても〈健康〉とは呼べない。植物の健康とは、その自然条件、寒暖風雨にさらされながら、その環境に適応して丈夫に発育している状態である。そのためにこそ、土づくりが必要なのである。そのようにして植物と土との〈有機的関係〉ができていれば、薬に依存する必要はない。だから、前述の近代養豚の豚も嬬恋キャベツも根本的に健康な生命体とはいえない。

このように考えてくると〈有機的〉という概念には、①有機的関係性、②生命体としての土、③動的な物質循環、という三つの意味がこめられているように思う。順を追って簡単にその意味するところを考えてみよう。

①有機的関係性

そもそも農業とは、土を耕し栽培する営みのはずである。太陽の恵みに助けられつつ、そのエネルギーを、土と水の循環を活用してたべものへと転化する営みであるといえよう。

ところで近代農業の特質は、太陽をも含めて自然との関係を断ち切る点にある。その思想が、鶏をケージに囲ったり暗室に入れたり、また作物をハウスに閉じこめたりする。その結果、それぞれの動植物に固有の特徴は失われ、水っぽくなって味は落ち、栄養も低下するし、おまけに安全性にも問題が出てくる。だから、近代農業の思想から脱却して、動植物の野生的本性を発揮させる農法を取り戻す必要がある。すなわち、

生産者と消費者
人間と動物・植物
動物と植物
動植物と土・太陽
人間と大地

との間に、新しい〈有機的関係〉を生み出していくことである。たとえば、生産者と消費者の間では〝食べる身になって作る〟〝作る人に感謝して食べる〟相互の直接的な関係性を作り出すことであり、それはすでに、有機農産物の産直運動という形で広範に展開されつつある。

また、人間と動植物の間では、生産者が動物の健康を保証する飼育方法をとり、歴史的食性を満足させてやり、適度に運動させ、太陽の恵みを活かしてやることである。もちろん多頭飼育はできない。餌は自分の田畑の作物を活用し、動物の糞尿は堆厩肥にして、しかる後に畑に還元される。

②生命体としての土

生きとし生ける生命が相互に活かし活かされる関係を生み出そうとすれば、動物は〈蛋白変換機

械〉ではなく〈生きもの〉として見直されねばならない。

同様に、植物も〈健康な生命体〉として栽培しようと思えば、健康な生命体としての〈土〉を必要とする。健康な生命体としての〈土〉は、微生物類やミミズの棲み処である。当然、土はふわふわした団粒構造となり、植物根は地中深く根を張ることもできるし、新鮮な空気が地中深く供給され、植物根は地中の溶存酸素を十分活用することができる。このような健康な生命体としての農業土壌を作り出す営みが有機農業なのである。

このようにして生きた土ができれば、植物も動物も、ひいてはそれを食べる人間も健康になりうる。この死に瀕した土に有機質肥料を施し、作付けも輪作体系を工夫し、かくして生命をはぐくみ育てる〈母なる大地〉をよみがえらせることが、今日の課題である。

③動的な物質循環

近代農学の祖として有名なリービッヒは『農業および生理学への化学の応用』（一八四〇年）のなかで「化学肥料の輸入は比較的短期間のうちに終末を迎えざるを得ない」のであるから、永続性のある農業と文化は「都市の下水道（人糞尿）問題の解決いかんにかかっている」とし、「その栄養素を農地に還元する必要性」を強調していた。つまりリービッヒは、都市と農村との間に物質循環が断たれていることを鋭くとらえ、近代の都市文明（ロンドン）に警鐘を打っていたのだ。しかも、そのなかで江戸時代の日本に触れ、人糞尿をも農地に活用している理想例として高く評価していた。

ところで高度成長経済下の日本は、金にまかせてアメリカからリン鉱石、ソ連からカリ原料を輸入し、じゃんじゃん撒いてきた。その結果、植物栄養としては肥料栄養分が過剰になりすぎ、〈富裕土壌〉が一部で懸念されるに至った。しかし、早晩、輸入肥料は〈終末〉を迎えざるを得なくなるであろう。さらに、畜産飼料の輸入も安定的に供給され続けられそうにないと予想される現在、都市に集積する残飯などをごみとして廃棄するのではなく、リサイクリングする体制づくりが急務である。しかし、現実の都市の残飯は、合成洗剤・重金属・残留農薬・防腐剤・食品添加物などで汚染されているので、農業土壌のさらなる汚染をもたらしかねない。とはいっても、元素次元での循環ができなければ、早晩土はますます疲弊する心配がある。生産と消費の間に物質循環の原理を貫かないかぎり、永続性のある〈農〉と〈食〉の確立はあり得ない。

(1) 室田武『エネルギーとエントロピーの経済学』東洋経済新報社、一九七九年。
(2) 農文協文化部編『戦後日本農業の変貌』農山漁村文化協会、一九七八年。
(3) 拙著『新鮮な牛乳を求めて』活かす会発行、日本消費者連盟扱い、一九七八年。
(4) 小倉重成『一日一食健康法』講談社、一九七八年。

『石油タンパクに未来はあるか』績文堂、一九八〇年（原題1〜3「石油タンパクを拒否する論理」、4〜6「『もうひとつの道』を求めて」）

第3章　都市からの援軍としての、たまごの会

1　たまごの会の運動の意味を考える

一九八〇年代の年頭にあたって、世界が激動の時代に突入したことをひしひしと感じる。七三年の石油ショックによる物価の暴騰のなかで、食糧および飼料穀物が著しく値上がりしたのは、いまにして思えば先駆け的な現象であって、今日直面しつつある事態こそ本格的な危機であると思われる。

石油が稀少価値となり、原油の暴騰が続くと同時に、第三世界を中心に革命の嵐が吹き荒れんとしている。イランのホメイニ師がアメリカを敵にまわし、西欧文明に敢然と戦いを挑んでいる。日本はイランに背を向ければ石油を断たれ、アメリカに背を向ければ輸入飼料を断たれるからには、アメリカとイランとのせめぎ合いの狭間にあって右往左往するよりほかないようである。そして、このたびのソ連のアフガニスタンへの侵攻を理由に、アメリカはソ連への穀物の輸出を制限した。伝家の宝刀、食糧戦略が大っぴらに発動されたのである。が、それは、日本がイランとの対応でアメリカに背を向けるならば、そのときには日本への穀物輸出がストップする可能性もあるということである。

この、迫り来る食糧危機の時代を前に、農政当局者は「石油タンパク」を「発酵タンパク」と呼びかえ、その安全宣言を打ち出し、本格的な〈工業食品時代〉の幕開けを準備している。しかし、石油の代替エネルギーとして期待されてきた原子力発電もそのメッキが剝げてしまった今日、高度成長の夢は終焉し、消費は美徳と呼ばれた時代は過去のものとなった。このことを冷静に受けとめ、質素な、新しい生活文化を創り上げていく以外に生きのびる道がないことは、誰の目にも明らかである。すなわち、自然に適応する〈もうひとつの新しい科学技術〉と、それに見合う生活文化の創造が求められている。

このような時代のなかで、たまごの会の運動はどのような意味をもつのであろうか。オイルショックをバネにして始められた運動がどのように発展し、いまどのような壁に突き当たっているのか。これを問い直してみよう。

ふり返ってみると、七三年の石油ショックとそれに伴う大豆の暴騰の真只中で、私たちは八郷農場の松林の伐採に取り組んできた。まさに当時の危機感が激しかったからこそ、私たちのエネルギーは爆発したのだ。そうして七四年の春には〝農場開き〟を祝い、自前の鶏卵を手にすることができた。しかし、餌代の異常な高騰のなかで、私たちは自分たちのよって立つ基盤の脆弱さを嚙みしめなければならなかった。すなわち、自家配合飼料といえどもその原料を自給していなければ、卵さえ決して安定的に食べられないことを痛感したのである。

そこで、七五年には石油タンパク拒否の運動を通じて、安全食指向から一皮脱皮し、食資源の自給を目論むことになった。豚の餌として都市会員の残菜や残飯を農場に回収して豚を飼うこと、つまり都市からのリサイクリングに主眼を置いた。そうすれば残飯を石油で焼却しなくてすむだけでなく、都市から〈農〉の現場へと餌を還流させることによって、都市会員は餌作りに参加できるし、それだけ納得のいく豚肉が生産でき、おまけにその豚糞が有機質肥料に活用できるのであった。これが豚飼いをスタートさせたときの意味づけであった。

こうして私たちは、安全な卵、有機農産物の野菜、豚肉の自給へと次々に挑戦すると同時に、人間の住み処、台所、東京会員棟、納屋などを自らの手で「作り」、七八年には公開講座を開いて運動の成果を勇ましくも中間総括し合った。それが『たまごの会の本』(七九年)の主たる内容であり、それから一年をかけて記録映画を自主製作することにもなったのである。

そこまでは順風満帆で建設期を乗り切れるかに思えた。が、第二農場への夢を抱き、『ユートピア闘争宣言』と勇ましくスタートしたはずの映画製作委員会は、製作過程のなかで、たまごの会の運動の評価をめぐって意見が分かれた。いったんは〝断乎闘うぞ!〟と振り上げていたこぶしをおろして、自らの運動に対して疑問を提出しないわけにはいかなくなった。つまり、勇ましく進軍ラッパを吹き、プロの農民に向かって〝俺たちに続け!〟と叫ぶような調子から、胸に手を当てて〝いったいこれでよかったのか〟と自らに問いかけるようになった、とでもいおうか。題名からして『不安な質問』(カラー九〇分)と雰囲気が一変したのである。

ところで、ナレーションなしの画面からは、たまごの会の運動における問題性、農場での共同生活の破綻の影が説得力をもって迫ってくるというふうには必ずしもできていないように思われた。だから、後日、映画を観た仲間のなかからは、「何を主張したいのかわからない」とか「何が不安な質問なのか」と首をかしげる声も少なからず出ることにもなった。

他方たまごの会の運動は、その社会的性格というか世の中とのかかわり合いというか、その辺のところを論ずることなしには納得のいく表現をすることがむずかしいのではないか、という立場から、私は映像だけでは不十分だと考え、時代の落とし子としての性格を浮きぼりにするような形で、共同で本を書き下ろそうと提案した。それはすでに『たまご革命』(三一書房)として上梓されている(一九七九年一一月)。

この本を共同執筆する過程で私たちは、たまごの会の運動はどのような社会情況とのかかわりのなかで出発し、何を、いかに、実現してきたのか、会員は都市生活のなかでいかなる生活革命を実現してきたのか、そしてこれからどのように歩んでいこうとしているのか、といった事々を論じ合った。その意味では、映画『不安な質問』と『たまご革命』とは、二つで一つの〈対的存在〉として誕生したといえよう。

ところで自画像を描く際には、その前にとかく鏡に向かって化粧し直すように、自分たちの恥部を大胆に表現するのはむずかしいものである。だから、いきおい内容が建て前通り着実に実践してきたような〝よそおい〟を帯びるのは、避けられなかった。

しかし、実際には、それほど優等生のように歩んできたわけではない。ジグザグに屈折しながら集団的なエネルギーを発散させてきたというのが本当のところだし、その本当に近いところで、マイナス面のネガ像とでもいうべきものをも大胆に描き出し、何が今日的課題であるのかということを相互に語り合う必要があるように思う。そういうわけで以下、たまごの会の運動の諸側面に即して順次これを論じてみよう。

2 養鶏

私たちの集団は、安全でほんものの卵に異常な情熱をもつことから誕生した。無農薬米でも、無農薬茶でも、本当の塩でも、有機農作物（野菜）でもなくて、ひたすら卵であった事実は、われながら畜産物の品質に異常なほどの関心と情熱をもっていたのだなあ、としみじみ感じる。その場合、鶏卵の品質が気に入らなければ食べないという選択もあり得たはずなのに、なんとしても食べたいと考えたところをみると、よくよく西欧流の〝動物蛋白信仰〟に囚われていたのではなかったか、そのかぎりでは〝近代主義者〟だったのでは？……と思い返す今日このごろである。

ところで、餌は自家配合飼料とはいっても、その穀物原料の大部分はトウモロコシであり、それは輸入品である。だから、穀物の輸入がストップする事態に直面しようものなら、私たちの養鶏もアウトになる運命にあるのだ。いまにして思うと、このような加工畜産に異常な情熱を燃やした自分がほほえましくさえある。

そもそも畜産動物の餌の主体は植物であり、それは、植物の炭酸同化作用の力によって太陽エネルギーを有機物に固定した産物にほかならない。そうであるならば、植物（穀物）生産に見合った飼育羽数を前提とするのが原則であったはずだ。しかし、私たちは、穀物の自給を非現実的であると、はじめから断念していた。消化器官を丈夫にしたり、ビタミンやミネラルの供給源としての牧草を一羽あたり一〇〇ｇぐらい食べさせるだけのことで、事足れりとしたのはなぜか。

私たちの養鶏法の原形は、河内《かわち》農場〔栃木県〕の時代に植松義市氏から学んだものだ。植松氏は山岸会式養鶏法に精通しており、ブロイラー種鶏の飼育法にそれを適用していた。しかしながら、その飼育法は山岸巳代蔵氏の提唱した〃農業養鶏〃とはまったく異なる。山岸氏は初期に、農業と養鶏の有機的循環を提唱し、田圃一〇ａあたり一〇～二〇羽までを適正規模と考えていた。裏作で生産する麦を飼料穀物として鶏に与え、その田圃には一〇ａあたり約五〇〇kgの自然発酵鶏糞を還元する〈農業養鶏〉が、彼の初期の養鶏法であった。

しかし、山岸巳代蔵氏も〃時代の子〃であった。昭和三〇年代の近代化農政のなかで彼は、日本の畜産が加工畜産化する流れに乗って、純粋な農業養鶏の実践を軌道修正して、専業としての養鶏業の道を〈社会式養鶏法〉というスタイルで実践するに至る。それは、共同社会（一体社会）の生活手段として、農業養鶏法の原理を大規模養鶏に適用したものである。その後、その延長線上に一〇〇万羽科学工業養鶏株式会社（ケージ養鶏）をめざすことになる。

私たちが受け継いだ技術は、その〈社会式養鶏法〉の変形技術であった。それゆえ、新しい農場でも飼料穀物の自給の方途を探る努力が、はじめからなされなかったのである。

さらにもうひとつ、具体的な事情としては、三〇〇世帯の都市会員が一世帯あたり一週間に一kg以上の卵を食べることを想定していたので、それに必要な一六〇〇羽のための飼料穀物の自給を考えると一〇haの作物畑を持っていなければならず、その展望がなかったことも手伝って、飼料の自給は諦めるほかなかった。

しかし、反省してみると、一世帯あたり一週間に一kgの卵というのは多すぎなかったであろうか。また、牧草だけの自給に限定せずに、飼料作物の自給率をどこまで高めるかを課題とすべきであったように思う。今後めざすべき方向は、一世帯あたり一週間の卵量を八〇〇g以下に落とし、成鶏羽数も一〇〇〇羽未満に調整したい。緑餌だけでなく穀物用の作物をも作付けして、穀物の購入分を極力下げ、飼料効率を高める方向を追求すべきであろう。そうして、本当の〈風土の産物〉を生み出す道を一歩一歩着実に踏み出す必要があるのではなかろうか。

3　養　豚

すでに述べたように、やがて石油タンパクの開発が始動する。それを迎え撃つには、餌の自給を前提とする畜産、つまり食資源の自給に乗り出す必要がある。かくて私たちは、輸入穀物に頼らざるを得ない養鶏からの脱却を展望し得ないまま、都市会員の台所くずによる豚飼いに着手することになった。このリサイクリングによって、残飯を肉に変えて動物性蛋白質を自給するのだから、石油タンパクの拒否につながるはずだというのが、当初の考えだった。

しかしながら、台所くずは栄養に乏しく粗飼料となるので、現代の大型種の豚はうまく育たない。そこで、一昔前の一頭飼いの時代に、日本の風土のなかで粗食に耐えて適応してきた、鹿児島バークシャーや中ヨークシャーを飼うほかないのだ。が、すでにこのような中型種の豚は絶滅寸前にあり、容易に入手できないので、どうしても自前で種豚を飼い仔豚を産ませて肥育する一貫生産方式を採らざるを得ない。しかし、私たちの農場の規模ではバークシャーと中ヨークシャーの二系統の種豚を飼うことは無理で、結局バークシャー一頭で出発した。

ところが、母豚が八頭にもなり、仔育ての技術が進歩するなかで、松林の放飼場は過放牧となり、栗や松の立木は枯れ始め、土壌の侵食は激しく、徐々に荒廃していくのを食い止めることは困難であった。年間五〇頭規模を予定して作った肥育豚舎に九〇頭もの豚をつめこむ事態となり、近代養豚で問題を起こしている流行性肺炎などの病気が、やはり増える傾向にある。そして、必死に集める残飯だけでは餌の必要量の三割程度しか賄いきれず、オカラやパンの耳を集めてもまだ足りず、輸入穀物への依存を深める方向に堕落してきた。

このような養豚のあり方を全面的に洗い直さなければ、初心は建て前だけとなり、希望の光は消えてしまう。だから今後の方向としては、母豚を四頭ぐらいに減らし、年間出荷頭数を五〇頭以下に落とす必要がある。そうして自給の飼料作物（サツマイモや青草など）を本格的に生産し、残飯養豚と農業養豚の組合せによる養豚法を生み出したいと思う。

また、いままでは都市会員の家庭用冷凍庫で残飯を一週間分も貯蔵する努力を重ねてきたのだが、夏場には残飯を回収し運搬する段階で腐敗し、異臭を放つ。そのような餌では残念ながら異臭のある豚肉になることが少なくなく、都市会員の努力は必ずしも報われてこなかったように思う。これからは残飯を冷凍するのではなく、都市会員が自ら米ぬかや切わらといっしょに残飯をまぜて発酵させ、香りのよい餌を作り、本来のおいしい豚肉を生産できるようにしたいものである。

私たちが苦労しておいしい肉質を生み出すとき、それが〈風土の産物〉となり、近隣の仲間におのずと〈農業養豚〉を拡めていくことにつながると思うのである。

4　酪　農

乳牛とは、牧草を牛乳に変換してくれる反芻動物のはずである。人間は牧草を直接消化することができないので、乳牛に頼って牛乳にしてもらい、そうしてはじめて牧草を栄養として摂取できるのである。

ところで、粗飼料主体の酪農は北海道以外ではむずかしいと考えられてきたが、その北海道酪農もまた工業化路線をひた走り、安心して飲める牛乳を生産できなくなったばかりか、LLミルクへの道を歩み始めた。そのような〝死のミルク〟を〝長距離輸送〟して石油エネルギーを浪費する事態は、決して喜ばしいことではない。

かかる牛乳情勢のなかで、私たちは内地での粗飼料主体の酪農に挑戦してきた。が、私たちは牧草畑を十分に持っているわけではなく、二〇aの牧草地と畦草ぐらいでは牛を二頭飼うのがせいいである。だから、自分たちだけでは牛乳の自給はとてもできない。

そこで、これから酪農を始めようとしている地元の野口武夫氏と組んで牛乳の自給を考え、低温殺菌のプラントを作った。彼の牧草地は一・二ha前後だから、粗飼料の自給を前提とすれば搾乳牛の頭数にはおのずから限界があり、六頭規模が限度となろう。それでさえ、当面は可消化養分総量（TDN）の半分は輸入穀物とならざるを得ない。その意味で、私たちが牛乳を飲んでいるといっても、本当の意味での日本国八郷町の〈風土の産物〉ではないのである。

＊

以上にみてきたように、たまごの会で現在生産している鶏卵・豚肉・牛乳は、程度の差はあるとしても、いずれも輸入穀物にオンブした化け物にすぎない。

その輸入穀物を畜肉に変換する過程は、餌のカロリーが三分の一以下にならざるを得ず、無駄の多い迂回生産である。だから、畜産物を常食とするのは、決してほめられるべき食生活とはいえないのである。日本人は伝統的な雑穀主体の食習慣のなかで、西欧人なら消化できそうもないものでも消化できるほどに消化器官を鍛え、環境に適応してきた。「日本人は先天的にヨーロッパ人よりも腸管が八〇センチ内外も長い」といわれる（樋口清之『食物と日本人』講談社）。

したがって今日問われているのは、その特質を退化させて畜産物を欧米人並みに食べることではなく、米・野菜・魚を主体とした食生活に復帰し、環境に適応して生きることである。つまり私たちがめざすべきは、卵・牛乳・畜肉類を飽食することではなく、伝統的な食文化に本当の〈豊かさ〉を発見し直すことである。今日巷に溢れている畜肉は、輸入穀物ゼロの日にはパタリと消えることを思えば、安定供給できる〈食〉でないことは明らかである。そして、これはわが農場でも例外ではない。

5　畑作・稲作

現在〔八〇年〕、茨城県にあるわが八郷農場の畑は、牧草畑が八四a、野菜畑が七五a、田圃が七五

aある。それに対して、自然発酵鶏糞が二〇トン、豚糞堆肥が二五トン、牛糞堆肥が一二トンで、合計五七トンあることになる。

だから、堆厩肥が十分あるので化学肥料に頼る必要はまったくない。実際、畑作では一〇aあたり約三トンの堆肥を入れ続けてきたので、この六年間の間に土壌はふわふわした団粒構造になり、肥沃になった。いや、最近では過剰な有機質肥料で、野菜がブクブク太りすぎるのではないかとさえ感ずる。しかし、その有機質肥料の原料がアメリカ農業に大きく依存していることを思うと、喜んでばかりはいられない。つまり、理想的な物質循環の農業などと胸を張れないのだ。このような農業では、畑の土もまた私たちの胃袋のように有機質肥料をたら腹食らい、過剰栄養におちいる危険は十分あるといえよう。

これからの方向としては、したがって、過剰な肥料を投入し続けるのではなくて、畑作農法の原理をしっかりと踏まえて、野菜・サツマイモ・麦・デントコーンなどで〈輪作体系〉を確立して、畜産による堆肥への依存度を抑制していきたいものだ。

また、これまでの私たちは、自分たちの田圃を持っていないうえに、借用した田圃の土地条件もあまりよくなかったので、農場会員の自給分の米を作るだけで精一杯で、都市会員の分まで米を自給することはできなかった。しかし、安心して食べられる有機農業米の確保はどうしても必要だし、それに、畜産の敷わらなどにも稲作から供給される有機物を大量に使用したいので、八郷農場近在での有機農業の稲わらが大量にほしい。

いままで都市の会員はグループに分かれ、それぞれ特定の農家の田圃で穫れた契約米を食べる方向を追求してきた。私たちの運動が〈自ら作り・運び・食べる〉をモットーにしてきたので、その延長線上で農家の人たちと膝をつき合わせた付き合いを楽しみ、その一環として、田植えや稲刈りや除草作業には援農の形で参加して相互の連帯の道を探ってきた。これからは、その枠をいかにして拡大するかが課題であり、運動の鍵を握ることになるだろう。［中略］

6 都市生活

たまごの会の会員は三〇〇世帯。農場の専住者は、おとなが四家族で一〇名、子どもが八名である。農場専住者が生産に対して直接的な責任をもち、都市会員は田植え、稲刈り、豚や鶏の解体日など、仕事の節目節目に農場での作業に参加する。

それでは、都市会員が〈自ら作り・運び・食べる〉ことの中身は何かと疑問を抱かれるにちがいない。この点についていえば、まず都市会員は農場の建造物を共有する共同出資者であり、その設備を利用する権利をもつ。労働に参加しても、それは〝援農〟ではなく、〝共同労働の主人公〟として働くにすぎない。また、会員はいろいろの部会、たとえば豚委員会、配送委員会……の委員になり、直接生産に責任をもつことができる。また、その活動を通じて生きものの世界に学ぶこともできるし、農場と直接に関係することもできる。こうして〈自分で責任のもてるたべもの〉を手に入れることが可能になるのである。

この実践を通じて〈農の営みとその心〉をわがものにすることによって、会員は自分の力で石油文明に対決する生活文化を創り出すことができる。それは、〈農〉を破壊し、〈土〉を死に追いやる都市文明を超えんとする営みでもある。すなわち、このような実践を通じて都市会員は、都市文明を〈農〉の世界から見つめ直し、〈農〉の生活文化を都市生活のなかで創り出し、かくして石油文明を撃とうとするのである。都市会員の主戦場は都市の生活の場であり、農場の四季に合わせた食卓を作り、あわせて学校給食を拒否する運動や石油タンパクを阻止する闘いの主体となったり、反原発の運動に参加する主体になり得る。

だから、たまごの会は「反農民集団」でも「都市住民による農業への侵略運動」でもない。むしろ、農業をはぐくみ育てる〈都市からの援軍〉であり、〈国民皆農の思想〉を普及する尖兵でもある。したがって、たまごの会の〈自ら作り・運び・食べる〉というスローガンは、〈農〉を営み、かつ独自の流通機構を生み出そうという運動の思想表現であり、同時に農民への連帯の表現にほかならないのである。原則と初心に日々新たに立ち返り、八〇年代に〈農〉の時代をもたらしたいものである。

『たまご通信』一九八〇年一月（『石油タンパクに未来はあるか』収録（原題「たまごの会のネガ像と打開の道」））

〈解説〉有機農業運動家・高松修さんの主張とその思想

中島紀一（茨城大学農学部）

1 「有機農業運動家」としての高松修さん

本書の著者・高松修さんをどのような肩書きの人とするかは、むずかしい問題である。長い間、東京都立大学工学部電気工学科の助手をしておられた。所属は電気物性研究室で、電導性有機物に関する先駆的で優秀な研究者であったらしい。しかし、有機農業に目覚められた一九七〇年ごろ以降は電気工学の研究はいっさい止めて、有機農業運動のパイオニアとしての仕事に没頭された。高松さんの意識としても、七〇年代以降の仕事は市民としての仕事であり、大学教員としての仕事ではなかった。だから、本書の著者としての高松さんを「元東京都立大学教員」とするのは適切ではない。

九六年に大学を退職された後の高松さんの名刺には、「有機農業研究家」と記されていた。しかし、有機農業分野においても、「研究家」というより「運動家」であった。そして、そうした自分のあり様をよいことだと感じておられたようだった。その意味で、高松さんの肩書きは「有機農業運動家」がもっともふさわしいように思える。

「運動家」にもさまざまなタイプがある。高松さんは日本の有機農業運動のパイオニアであり、先端的リーダーであり続けたが、「運動の組織者」というわけではなかったようだ。高松さんは、食と農業の現実への厳しい批判者であり、都市生活者の視点からの有機農業運動の提唱者であり、運動がめざすべきビジョンの提唱者であり、運動を支える未来技術の創造者であった。電気工学分野の技術研究者としての三〇歳代なかばまでは、その後の高松さんにとっては「過去」である。それらの「過去」は、科学技術分野に強いという意味でも、科学技術研究者の自己否定がその後の起点にあったという意味でも、「運動家」としての高松さんの「現在」を規定していた。

七〇年代初めごろが「有機農業運動家」としての出発である。原点としての思いは、科学技術が主導する戦後近代への根源的批判と、オルタナティブな世界の現実的創造にあった。公団住宅の畳のダニ問題への爆発的怒りに始まり、食と農への根源的懐疑、自ら耕し、運び、消費し、還元するという消費者自給農場「たまごの会八郷農場」の創設、石油タンパク拒否の運動、LL牛乳への厳しい批判と安全でおいしい低温殺菌牛乳運動の構築、安全でおいしい有機米技術の創造へと展開していく。

そして、九〇年代後半には、遺伝子組み換え技術の農業への適用に激しく反対する運動の先頭に立ち、その闘いの直中に病に冒され、急逝された。文字どおり有機農業運動のリーダーとして疾走し続けた三〇年であった。第Ⅰ部第2章「遺伝子組み換え飼料の問題点」は、逝去される二カ月前、手術直前の、有機農業運動家・高松修の最後の講演記録である（遺伝子組み換え作物いらない！大豆畑トラスト交流集会、二〇〇〇年一月三〇日)。

「運動家」としての高松さんが主として依拠した組織は日本有機農業研究会であり、急逝時も常任幹事(科学部会担当)の任にあった。また、有機農業の現場は筑波山の麓、茨城県八郷町であり、逝去されたときも八郷町には仲間とともに耕す三七aの田圃があった。大学退職までは主として土曜・日曜の「通い百姓」だったが、退職後は田圃の脇の小屋に生活の拠点を移して「定住百姓」となった。

高松さんは「運動家」としてたくさんの文章を書き続けてきた。まだ若かった高松さんが、近代科学技術批判と有機農業の創造に爆発的エネルギーを発揮した最初の一〇年のおもな論文は、『石油タンパクに未来はあるか』(績文堂、一九八〇年)にまとめられている。そこには高松さんの人となりと思想についての奥沢喜久栄さんの優れた解説が付されており、理解を助けるだろう。本書に収録されているのは主としてその後の二〇年間に書かれたおもな文章だが、有機農業運動家としての高松さんの全体像を知っていただくために、『石油タンパクに未来はあるか』の第七章と第八章が第Ⅳ部第2章に再録されている。

本書に収録された文章は、いずれも高松さんが運動家として記したものであり、それらの社会的意味はまずは運動の視点から評価されるべきものだろう。高松さんとともに歩んだ多数の方々の寄稿による追悼文集『追想 高松修』(ゆう出版)が、本書と並行して、合田寅彦さんの手で編まれた。追悼文集と本書を併読されれば、高松さんが生きた運動の日々が、そのディティールも含めて豊かに再現されるはずである。

ここで言い訳をすれば、こうした視点からの本書の解説者として私は不適任だろう。私は「運動家」としての高松さんの伴走者ではなかった。高松さんとの出会いも八五年ごろで、輝ける七〇年代については間接的にしか知っていない。接点は八郷町での田圃仲間という点が中心であり、高松さんが本書で扱っている広範な問題のすべてに詳しいわけでもない。

しかし、本書は高松さんの過去を回顧し、記念するためだけに編まれたものではない。むしろ、現在と未来に向けての高松さんのメッセージ集として編まれたと考えたい。志なかばで斃《たお》れた有機農業運動家としての高松さんの主張と実践は未完であり、新しい時代における継承と発展を切実に求めている。編集者の大江正章さんは、本書の新しい読者として、これまで「運動」にかかわってはこなかったけれど、食と農業と自然の「現在」はどこかおかしいと感じ、未来に不安を覚えている「普通の人たち」を期待していると理解して、解説文の筆を進めよう。

2　遺伝子組み換え技術拒否の論理

遺伝子組み換え技術反対運動は、高松さんの最後の運動課題だった。

高松さんがこの運動に本格的にかかわるのは、農業への遺伝子組み換え技術が認可され、農産物や加工食品の輸入が始まる九六年ごろからだった。遺伝子組み換え技術の農業・食分野への実用化研究は八〇年代後半から本格化していたが、そのころからの厳しい批判者・告発者だったわけではない。もちろん、当時も見解を求められれば反対を表明しただろうが、率先して運動を組織したということではなかったようだ。高松さんのこの運動への参加は、遺伝子組み換え技術が二一世紀を救う未来技術というバラ色のイメージの下に実用化されてしまった当時の状況を見て、「これは放っておけない」という危機感からだった。以来、運動の推進に全力を尽くし、戦闘的な論陣を張っていく。

高松さんは「農業における遺伝子組み換え技術」を、一度葬られた「石油タンパクの食用化技術」の再登場として意識されていたように思われる。「石油タンパク」が食についての未来技術として登場しようとしたのは六〇年代末から七〇年代初めごろで、結果として市民の支持が得られず、実用化には至らなかった。「石油タンパク」の問題点を鋭く指摘し、それを葬り去る市民運動のリーダーが、若き高松さんだった。

第Ⅳ部第2章には、「石油タンパク」拒否論が展開されている。「石油タンパク」についての高松さんの主張は、「石油タンパク」には安全性についてたくさんの問題点があるが、仮に技術が改善されて安全性が確保されたとしても拒否しなければならないというものだった。拒否の理由は、食は工業製品（人造食品）で代替されるべきではない、持続性のある食は農に支えられるべきものである、「石油タンパク」は大企業の食支配への重大な一歩である、などだ。このような高松さんの主張の基礎には、「石油タンパクなど食べたくない」という生活者としての思いがある。

遺伝子組み換え技術についての主張も、「石油タンパク」拒否の論理と基本的には同じである。遺伝子組み換え農産物が安全性についてたくさんの問題点を抱えていることは、逝去された後に暴露された殺虫性トウモロコシ・スターリンクの不法流通問題などで、かなり明らかになりつつある。高松さんはもちろん安全性への疑義を強く主張されたうえで、なおより大きな問題点があると論じられた。

高松さんは遺伝子組み換え技術を、食と農をめぐる歴史的対抗軸における決定的な結節点であると捉えていた。強く意識された問題点は、遺伝子組み換え技術を使った多国籍農薬企業による世界農業支配の危険性、遺伝子組み換え食品は偽りの人造食品である、農業における遺伝子組み換え技術は農業と自然の基本的メカニズムを壊す、などであった。そして、これらの主張の基礎には、「石油タンパク」のときと同じように「食べたくないから食べない」という思いがあり、だから高松さんにとっての運動スローガンは単なる「反対」ではなく「拒否」だったのである。

さらに、高松さんはオルタナティブとしての有機農業の意義を強調された。世界観・自然観を問うべきだとする高松さんのこのような主張は、当初は極論のようにもみえたが、実はたいへんわかりやすくかつ本質的なものであり、すでに多くの市民の支持を受けつつある。高松さんが設定したこうした議論の枠組みは、二一世紀にさらに本格化するであろうバイテク技術論争の基本的枠組みとなっていくと思われる。

3　高松流の有機米づくり

遺伝子組み換え拒否運動に奔走される前の時期、八〇年代半ばから九〇年代半ばに高松さんが熱中したのが、八郷町での有機農業の米づくりだった。

当初のテーマは、冬季に晴天が続くという茨城の風土を活かした米麦二毛作の実践だった（第Ⅱ部第2章）。畜産問題への長い取組みのなかから、「農地の恵みを豊かに活かす」、すなわち「風土を活かした土地利用の高度化」に、関心が向いていたのだろう。ビール好きな高松さんは、自作の大麦で手づくりビールを楽しみたいという気持ちもあったようだ（七五ページ）。しかし、高松さんの田圃は二毛作が容易にできるような乾田ではなかった。麦の収穫と田植えが重なる六月の作業をうまくこなすことができず、米麦二毛作の試みは数年で挫折する。そして、関心はイネに集中するようになる。

イネに関しては、「たくましい育ちをするイネの探求」がテーマとなった。V字型稲作に代表される近代稲作は「密植多肥、化学肥料の多投の軟弱な育ち」の方向に向いていたから、高松さんの「たくましい育ちのイネの探求」は、生きものとしてのイネのあり方に関して近代稲作と正面から対抗するものとなった（第Ⅱ部各章）。

当時、在野の稲作界には、V字型稲作をよしとしない異端の人びともいた。兵庫の井原豊さん、福島の薄井勝利さん、栃木の稲葉光國さんなどであり、それらの方々との交流のなかから、疎植一本植えの高松流イネづくりの姿が次第に形成されていく。このプロセスで、昭和初期の篤農家・黒沢淨さん（長野県）の著作『改良稲作法』（愛善みずほ会、一九四九年）との出会いは大きかった。高松流の特徴は折衷苗代によるたくましい苗づくりにあり、栽培理論の基本は疎植一本植えであるが、これらの技術は黒沢流の継承である。

田圃のあり方についても、高松流が次第に形をなしていく。決定的な転換は、豊かな田圃イメージの獲得にあったように思われる。高松さんの田圃は完全な乾田ではなく、それが米麦二毛作の挫折の一つの要因でもあった。そこで高松さんは、田圃にトレンチを掘り、そのトレンチに製材くず（バタ）を詰め、軽く土をかぶせ、燻炭をつくる要領で火を放ち、トレンチの壁を焼き固めるという手法で、手づくり暗渠を敷設した。この手づくり暗渠の効果は絶大で、田圃は見る間に乾田となる。麦をあきらめた高松さんは、そこにレンゲとナタネを入れた。稲ワラや米ぬかはもちろん、さまざまな有機物を施用した乾田には、レンゲやナタネが旺盛に繁茂する。この段階で不耕起が導入される。イネの栽培期間中は深水である。乾田化、有機物施用、レンゲ・ナタネの導入、不耕起、深水という一連の取組みが相乗して、高松さんの田圃は豊かな田圃に変わっていった。肥沃な田圃でもなく、多収の田圃でもなく、豊かな田圃に育つたくましいイネ。これが高松さんが到達した一つの田圃イメージだった。

同時に、高松さんの田圃イメージにはもう一つの方向があった。湿田の豊かさの追求である。高松さんにとっての湿田イメージは、「乾田化できない湿田」ではなく「豊かさの可能性を秘めた湿田」へと次第に転換していった。子ども時代の原体験は、疎開先の新潟県新発田市の田圃での魚とりだった（第Ⅳ部第1章）。フナ、ハヤ、ドジョウ、ウナギなどがたくさんいる田圃や小川が、高松さんの原風景だった。池のある田圃は高松さんの当初からの構想だったようだ。この構想が実際的な技術となるきっかけをつくったのが、九一年に借りたもう一枚の田圃での、コイによる雑草対策である。

こうして高松さんは乾田でのレンゲ不耕起（第Ⅱ部第4章）、湿田でのコイ除草（第Ⅱ部第5章）の二つのルートで、豊かな田圃とたくましく育つイネを手にできた。高松さんにとってこの到達感と満足感は、とても大きかったのではないだろうか。

高松流の有機米づくりは、雑草対策へのさまざまなアイディアの組合せとして知られている。この点については本書にも紹介があるし、可児晶子さんと私の三人の共著『安全でおいしい有機米づくり』（家の光協会、一九九三年）にも詳しく記されている。雑草対策への基本的スタンスは、技術にはそれぞれのよさと問題点があり、絶対的技術など想定すべきではないということだったように思える。とすれば、それぞれの田圃での観察と工夫が大切になる。あぜ道にしゃがんで田圃を見つめる高松さんの姿が思い出される。

高松さんは自らの観察や試みの様子を私家版の通信に記して仲間たちに報告していた（第Ⅱ部第2〜6章）。このような高松流の有機米づくりのその後の楽しい発展形として、同じ八郷町の田圃仲間である横田不二子さんの『週末の手植え稲つくり』（農山漁村文化協会、二〇〇〇年）がある。

4　近代畜産批判と有機畜産への構想

せっかく入居した新築の公団住宅で畳にダニが大発生するという、都市住民としてのなんとも言いがたい、しかし切迫した生活問題に関する当事者としての苦闘のなかから、高松さんの転換と出発があった。そこで高松さんが獲得したのは、生活者という自己認識である（第Ⅰ部第3章、第Ⅳ部第1章）。それまでは、おそらく科学者・技術者を自己認識の起点に置いていただろうが、「ダニ闘争」を機に、問題をまず生活者として、すなわち当事者性をもって捉えるという視点を獲得した。以後、生活者の視点から、運動家としての歩みが開始される。

都市に住む生活者としての課題は幅広いが、高松さんは食の問題に取り組んだ。そのころはちょうど子育て中であり、食への取組みは切実であるだけでなく、楽しくかつ創造的な課題でもあった。具体的にはタマゴと牛乳がテーマとなった。市販の牛乳やタマゴには安全性に大きな疑点がある。安全性についての疑点は、市販の牛乳やタマゴの生産方法にホンモノ性が欠けるところから生じる。だから、生活者はホンモノの牛乳やタマゴを運動として求めなければならない。これが高松さんたちの取組みの論理だった。

取組みはまず、ホンモノ探しから始まる。そこで出会ったのが岡田米雄氏であり、岡田氏が斡旋する「ほんもので安全なタマゴ」と、北海道の大地で育った「よつ葉牛乳」だった。しかし、ホンモノだと信じたタマゴや牛乳が、生産の現実としては農薬や抗生物質に依存した生産物でしかなかったことが明らかになってしまう。

そこで、ホンモノの食べものを手に入れるには消費者自らが耕すほかはないと認識し、消費者自給農場の運動に突き進むことになる。自ら耕し、飼育し、運搬し、食べ、循環させる「たまごの会八郷農場」の開設である（七四年）。この農場は地元農家の協力で借地した山林を開いて建設されたもので、消費者自らが有機農業による野菜や米の栽培と、ニワトリと豚の飼育に取り組んだ。

ニワトリと豚の飼育については、鶏舎・豚舎などの飼育様式とエサのあり方が問題となった。飼育様式については、近代畜産以前の、すなわち一九五〇年代ごろまでの到達点の継承が意識され、ニワトリについては山岸巳代蔵さんの「農業養鶏」がかなり忠実に再現された。そこでのコンセプトは大地と太陽の恵みを受けた家畜飼育であり、具体的にはケージ飼いから平飼いへの転換である。経営形態は小規模複合農業がめざされた。

問題はエサであった。配合飼料依存では安全性は確保できないとして、単味飼料の自家配合へと進む。だが、農薬残留がなく添加物無使用の安全な単味飼料の確保で、まず大きな壁にぶつかってしまった。根本的解決策が見出されぬままに、より安全な単味飼料の探索と確保、自給飼料の生産、都市の残飯の利用などが現実的方策として採用される。

しかし、エサ問題の根本は、輸入依存・穀物依存という戦後の日本畜産の基本構造にあることは明らかだった。近代畜産から離脱しようとする消費者自給農場におけるオルタナティブにおいても、この基本構造から脱することはたいへん困難だったのである。高松さんは前述の現実的方策を容認しつつも、そこに深刻な妥協があること、ホンモノの畜産は輸入飼料依存の構造から脱却し、飼料自給をめざさなければならないことを率直に指摘した(第Ⅲ部第4章)。「たまごの会」は一九八二年四月に、「たまごの会」と「食と農をむすぶこれからの会」に分裂するが、分裂の一つのきっかけがこの指摘にあったという。

その後、トウモロコシなどの輸入飼料にはポストハーベスト農薬の深刻な汚染があることを社会的に暴露したのも、高松さんと小若順一さん(日本子孫基金)であった。この暴露から輸入トウモロコシの安全性が社会的に広く問われ、ポストハーベストをしていないトウモロコシ(PHFコーン)の輸入に道が拓かれる。しかし、それでもなお輸入トウモロコシ依存は変わらなかった。

日本における有機農業の畜産の取組みが全体として国産飼料・自給飼料へと大きく転換するのは、遺伝子組み換え問題以降であった。遺伝子組み換えをしていないトウモロコシや大豆カスの確保のために別枠輸入ルート(ノンGMO)の開発も進んだが、スターリンク問題に象徴されるように、アメリカの畑はすでに広範な組み換え汚染状態となっている。別枠輸入という方式では、厳密な意味では遺伝子組み換えのない飼料は確保できないことも明確となってきた。遺伝子組み換え作物依存から脱するには、まずは国産飼料への切り替えが必要で、可能なかぎり飼料自給へと転換していくことが、有機農業の畜産において困難だが不可避の課題として取り組まれ始めたのである。

いまＥＵ諸国は、狂牛病の恐怖でパニックとなっている。草食動物である牛に羊を喰わせるという近代畜産技術が狂牛病をつくり出した。パニックのなかでＥＵの市民たちは、問題は近代畜産の構造にあることに気づき始め、大地と太陽の恵みに支えられた有機畜産への期待感が急速に高まっているという。三〇年前の高松さんの日本の近代畜産批判は、その後の事態の一層の深刻化のなかで、ようやく社会における現実的選択課題となってきた。

畜産についてのもう一つの課題は、加工問題である。

市販の畜産製品には添加物問題など安全性に疑点があることは、すでに多くの指摘がなされてきた。高松さんもその問題点を厳しく批判したが、ここでも提起した論点は安全性論だけではない。畜産製品は工業的加工食品であってはならない、あくまでも自然食品としてあるべきで、素材のよさを損ねるような「加工」は許されない、畜産加工品のよさは何よりも素材のよさに由来し、素材のよさは健康な家畜飼養によって支えられる、という主張だった。おもな取組み対象は、七〇年代はタマゴであり、八〇年代は牛乳だった。

牛乳に関しては、六〇年代にはヤシ油などのまぜもの牛乳への批判が高まり、その後いくつかの曲折を経て牛乳と加工乳の区別が法制度として明確にされる。七〇年代には牛乳の微生物的安全性の確保、すなわち殺菌方法の高度化が業界の課題とされ、八〇年代初めごろにはほぼすべての市販牛乳が超高温滅菌処理牛乳（UHT牛乳）となり、さらにロングライフ牛乳（LL牛乳）の常温流通が許可され、市販流通されるようになる。牛乳は低温殺菌牛乳（パスチェライズド牛乳）でなければならないとする高松さんの牛乳論は、このような牛乳をめぐる社会状況に正面から対峙する。

高松さんは、UHT牛乳とLL牛乳は同じ路線上のもので、それは発ガン性などについての危険性があるだけでなく、牛乳を牛乳でなくしてしまう、すなわち牛乳をニセモノの人造食品にしてしまう道だ、と激しく批判する。牛乳の低温殺菌法は一九世紀末にフランスの細菌学者パストゥールが開発した技術で、牛乳の自然性を可能なかぎり残したまま腐敗菌や病原菌だけを殺菌しようとする、たいへん優れた技術であった。六〇年代までは、日本の市販牛乳はすべてこのパス殺菌によるものだった。

それに対して七〇年代の超高温滅菌処理、八〇年代からのLL牛乳は、大工場による牛乳の効率的処理とスーパーマーケットでの大量販売システムに牛乳を適応させるための技術であり、パス殺菌法とは技術の基本スタンスを異にする。高松さんの牛乳論は、論点を安全性論だけに狭めるのではなく、このような近代技術の方向性を鋭く衝くものであった。さらに、こうした主張をするだけでなく、「食と農を結ぶこれからの会」において地元八郷町の青年酪農家・野口武夫さんと提携して低温殺菌のミニプラントを建設し、安全でおいしいパス牛乳の製造と提携流通の仕事も手がけられた。

5　高松修さんの思想と方法

では、このような有機農業運動家・高松修さんの多面にわたる論陣の基礎にあった思想や方法は、どんなものであっただろうか。最後にこの点について、私的な印象も交えて考えてみたい。

高松さんの思想や方法の第一の特徴として、科学的正しさという呪縛を脱して生活者としての世界観・自然観からの判断を最優先させるという基本的態度をあげたい。これは科学技術研究者の自己否定と有機農業運動家としての出発の起点となった認識態度であり、高松さんにとってたいへん重要な意味をもっている。

高松さんは、よい意味での科学技術の役割や意義を否定していたわけではない。主張や提案は多くの場合たいへん科学技術的であった。高松さんは科学技術を捨てたのではない。しかし、科学技術はいつも正しさを保証する認識方法ではなく、多くの場合それはかなり偏狭なイデオロギーであり、誤りを隠蔽し、人びとを欺瞞する役割を果たすことが少なくないと、実感的に確信していた。

食に関して言えば、安全性はもちろん大切なことがらだが、食の責任主体は食べる人自身であり、食べるという行為は科学によって一義的に支配されるものではなく、食べる人の判断は原理的にみて科学より上位に位置するという認識である。農に関して言えば、生産性や効率は意味のあることがらだが、もっとも大切なことは、農が自然とのよい関係を結び、永続的な営みとなること、耕す人に人間的喜びをもたらす営みであること、そして食べる人に食べる喜びと健康を提供する営みであることであり、農のあり方についての責任主体は耕す人自身であり、生産性や効率についての科学技術の判断よりも、耕す人の価値判断のほうが原理的に上位にあるという認識である。

このような認識は、たとえば「石油タンパク」や「遺伝子組み換え技術」を推進する科学技術への批判としてだけでなく、有機農業を推進する科学技術のあり方についての認識でもあった。生前最後の講演の前日(二〇〇〇年一月二九日)、高松さんは「第二回環境保全型稲作技術全国交流集会」にパネラーとして出席していた。そこで、コイ除草の技術研究のあり方に関して次のように発言している。

「コイ除草についての研究報告がいくつか出ており、そこではコイの除草機能は、胸ヒレによる表土層の撹拌によってコナギなどを浮かせる、表土撹拌に伴う濁り水の遮光効果などによるとされている。しかし、私はコイの除草効果はおもにコイが草と土を食べることによると考えている。私の判断は、私自身の経験にもとづいている。コナギがびっしり生えてしまった田圃にコイを入れたら、コナギが完全に消えた。しかし、コナギは浮き上がってはいない。コイの腹を調べたら、泥や草がいっぱい詰まっていた。私の田圃では、コイが草と土を食べたのは確実である。コイは能動的な生き物であり、学習もする。農家はコイの能力をうまく発揮させるように仕向けることが肝心だ。

しかし、私のこの経験も、ただ私の田圃ではこうだったというにすぎない。農業技術の形成は、こうした事例経験の積み上げのなかで実現されるのではないか。どこかに正しい科学的真理があるのではなく、農家の経験の積み上げとその的確な整理が必要なのだと思う。科学者は、それぞれのドグマにもとづいて実験系を組み立て、実験する。実験をすれば、ドグマを支持するようなそれなりのデータは出る。また別の科学者は、別のドグマによって別の実験系を組み、別のデータを出す。実験系の組み方によって、データはいろいろに出てくる。だから、そういう個々のデータに絶対的真理があるわけではない。実験データも農家の経験も、それぞれ事例であって、それらを多面的に比較して経験的真理をつかんでいくべきだ」

このような科学技術への認識態度は、科学技術と市民社会の選択意思についての二一世紀的思想問題と直接に関係している。

科学技術は、科学技術の内部の論理と倫理によってコントロールされていくというのは、二〇世紀的認識であった。社会はそのような科学技術に無条件で身を委ねようとする二〇世紀的認識が、科学技術主導の現代をつくり出した。しかし、その現代が環境問題、生命倫理問題、地球的将来の非持続性の問題などの抜き差しならない破局に直面しようとしていることが明らかになったいま、そこから脱しようとする二一世紀のあり方の道案内を相変わらず科学技術だけに求めようとするのは、はなはだ不適切だと言わざるを得ない。現代の科学技術は決して自律的でニュートラルな存在ではなく、巨大資本の独占的利益構造と一体化してきているのは明らかである。

こうしたなかで求められているのは、科学技術への無条件の従属から脱して、相対的に自立した市民社会意思を形成することであり、そうした市民意思にもとづく科学技術のコントロールこそが必要だという考え方であろう。高松さんが三〇年前に確立されたこうした科学技術認識は、新世紀を迎えたいま、私たちにたくさんの示唆を与えてくれる。

第二に指摘したいことは、「関係性の重視」という認識である。

高松さんは自己主張の強い人だったから、何事にも独自の判断をもっていた。こうした場合、それぞれ独自の定義が用意されていることが多い。しかし、高松さんは通例と少し違うようだった。初めに定義があって、それを基準として問題を考えるのではない。まず状況があり、そこに身を置くことによって問題を考えるというタイプだった。議論のスタートには常に状況認識、状況判断があり、それは状況における主体の関係性についての認識や判断にほかならなかった。

高松さんの有機農業論は、「関係性としての有機農業」だった。近代農業批判の基本は、複合的関係性の切断による効率性のみの追求という点におかれていた。この点は、第Ⅳ部第2章をお読みいただければ明確である。

「私の有機農業論」（二三三～二三六ページ）では、「有機農業とは〝無農薬・無化学肥料の農業〟のことではない」としたうえで、有機農業にとって決定的に重要なことは土と生きものの有機的関係性が成立していることであるとの主張が展開されている。さらに、〈有機的〉という概念には①有機的関係性、②生命体としての土、③動的な物質循環が含まれるとし、有機的関係性については「生産者と消費者」「人間と動物・植物」「動物と植物」「動植物と土・太陽」「人間と大地」の諸関係が含まれると述べている。基準・認証の法制度施行にともなって、定義から始まる有機農業論が社会的認識の基本におかれるようになった現在だからこそ、「関係性としての有機農業」という問題提起は改めて注目されるべきだと思われる。

第三の特徴として、リアルな現実主義を指摘したい。

本書に収録された文章には、いずれも厳しい現状批判と深い視点からの展望・提起が記されており、そこからは厳格な原理主義というイメージが浮かんでくるかもしれない。高松さんを有機農業の原理主義者とするのも間違いではないだろう。しかし、私からみた高松さんのよさは、単なる原理主義者ではないという点にあった。

たとえば、提携型有機農業が関係論重視の高松さんの基本的主張であったが、同時に有機農業を力あるものとして登場させるには事業としての確立も不可欠だという認識も、常に高松さんのなかにあった。とくに農家が自力で事業を立ち上げようとしている場合などは、できるかぎりの支援を惜しまなかった。最近の基準・認証制度についても、その問題点を厳しく批判しつつも、制度を拒絶するのではなく制度を使いこなしていくという視点の重要性も強調されていた。こうした高松さんの複眼的認識は、原理主義の通例としてのドグマからの演繹ではなく、何ごともリアルな状況認識から出発するという体質的とも言える思想態度に由来しているように思われる。

高松さんは、自分たちの築きあげた運動や論理の破壊者としても知られている。たとえば、「たまごの会」の中心的創設者だったが、その取組みが大きな成果をあげていたころ、めざすべきはこんなことではなかったとの論陣を張って、会の分裂を引き起こした。そのときの高松さんの主張は、第Ⅳ部第3章に収録されている。

渦中の人びとからすれば、高松さんのこのような発言の展開は理解しにくいこともあっただろう。事実、議論の脈絡に整合性を欠き、飛躍もあったのだろう。しかし、振り返ってみれば、現実それ自体が整合的にばかり展開しているわけではないのだから、主張や論議の過去と現在、あるいは原理と状況認識に不整合で分裂的な要素をはらんでいたとしても、決しておかしくはない。高松さんの場合はむしろ、整序されない自己分裂的様相にこそ次への可能性が開かれていたように思える。

第四の特徴として、「未来への遠いまなざし」をあげたい。

高松さんは近代農業を厳しく批判した。近代農業を主導したのは科学技術と成長経済であったが、それを現実に担ったのは普通の農家たちだった。それ故に、慣行農業を担う農家への批判も厳しいものだった。また、ムラ社会の集団主義への反発や批判も強かった。高松さんの有機農業論は都市生活者の視点から出発したものであり、したがって農家に依存するのではなく「消費者自給農場」を建設するという方針も、高松さんにとってごく自然なことだったのだろう。

ところが、その高松さんが自己完結した消費者自給農場主義から一転して農家との提携こそ大切だと主張される。先にこうした議論の振り幅の大きさの内的要因として原理主義と状況主義の同居があると解釈したが、やはりどうもそれだけではないように思われるのだ。

第Ⅳ部第1章に収録された文章は、高松さんの自分史である。そこには、疎開先の農村における子ども時代の原体験が記されている。既存の農業や農村に対して「いまだに親近感と疎外感が交錯したまま」（二〇二ページ）というのは、真実のことばだろう。

しかし、「親近感と疎外感の分裂した交錯」は、有機農業運動三〇年の歩みのなかで、次第に遠い昔の情景への思いが強まる方向へと変化していったように感じられる。高松さんが田圃にコイを入れたのは除草目的もあったが、むしろ子ども時代の田圃や小川での魚とりの思い出に惹かれていたからだった。田圃のコイやフナの話をするときはうれしそうで、子どものようだった。そんなとき、高松さんには遠くを夢見るようなまなざしがあった。高松さんには喪われた過去があり、そこへの郷愁の強まりが、次の時代の展望への遠いまなざしとなっていたように思われる。

●著作一覧●

単著

『新鮮な牛乳を求めて』日本消費者連盟、一九七八年。

『石油タンパクに未来はあるか――食と土からの発想』績文堂、一九八〇年。

『食べものの条件――ニワのトリとカゴのトリ』績文堂、一九八一年。

『牛乳戦争!――ホンモノの牛乳を飲む法』JICC出版局、一九八三年。

『怖い牛乳 良い牛乳――お宅の牛乳は安全ですか』ナショナル出版、一九八六年。

『牛乳の〝正しい〟選び方――高橋晄正氏への反論PART1』LLミルク常温化阻止連絡会、一九九〇年。

『環境を保全する有機稲作へ転換を――コメ自由化に抗する「もう一つの道」』イギリス農業政策研究会、一九九〇年。

『ガン・ノート』高松修さんを偲ぶ会実行委員会、二〇〇〇年。

共編著・監修

『有機農業の事典』(天野慶之・多辺田政弘氏と共編)三省堂、一九八五年。

『恐い食品・動物工場』(監修)ナショナル出版、一九九三年。

『米――いのちと環境と日本の農を考える』(星寛治氏と共編著)学陽書房、一九九四年。

共著

『講座 農を生きる2 〝たべもの〟を求めて――食糧危機と農民』三一書房、一九七五年。

『もうひとつの技術』学陽書房、一九七九年。

『たまご革命』三一書房、一九七九年。

『消費者のための有機農業講座1いまの暮らしのいきつく果ては?』JICC出版局、一九八一年。

『消費者のための有機農業講座3新しい農の世界』JICC出版局、一九八二年。

『別冊宝島101地球環境読本』JICC出版局、一九八九年。

『地球を救う133の方法』家の光協会、一九九〇年。

『別冊宝島145農業大論争!』JICC出版局、一九九一年。

『暮らしの安全白書』学陽書房、一九九二年。

『安全でおいしい有機米づくり』家の光協会、一九九三年。

『データパル1993』小学館、一九九三年。

『日本の有機農業と国際基準』日本子孫基金、一九九七年。

『いま牛は警告する――牛からみたO157・狂牛病・サルモネラ症・遺伝子組み換え』(『酪農事情』一九九七年夏期増刊号)酪農事情社、一九九七年。

『有機農業ハンドブック』農山漁村文化協会、一九九九年。

『地球環境よくなった?――21世紀へ市民が検証』コモンズ、一九九九年。

訳書

『アニマル・ファクトリー――飼育工場の動物たちの今』(ジム・メイソン ピーター・シンガー著)現代書館、一九八二年。

雑誌・冊子論文

「殺意の公認=官許〈許容量〉の欺瞞――牛乳中のβ-BHCの残留について」『展望』一九七二年四月号(『石油タンパクに未来はあるか』収録)。

「住宅行政の破産＝公営住宅団地のダニ大量発生」『展望』一九七二年一一月号（『石油タンパクに未来はあるか』収録）。

「あくまで石油タンパクを拒否する」『環境破壊』（公害問題研究会）一九七三年二月号（『石油タンパクに未来はあるか』収録）。

「石油たん白の問題点を洗う」『技術と人間』一九七三年春号。

「消費者自給新農場を目指す根拠」『環境破壊』一九七三年九月号（『石油タンパクに未来はあるか』収録）。

「ダイブの問題点」『環境破壊』一九七三年一〇月号（『石油タンパクに未来はあるか』収録）。

「飼料の安定供給は夢物語か」『環境破壊』一九七三年一二月号（『石油タンパクに未来はあるか』収録）。

「たまごの会の歴史と新農場への道」『環境破壊』一九七四年一月号（『石油タンパクに未来はあるか』収録）。

「たまごの会の活動状況」『土と健康』（日本有機農業研究会）一九七四年二月号。

「消費者の思想転換を迫れ」『土と健康』一九七四年六月号。

「たまごの会と養鶏」『鶏の研究』（木香書房）一九七四年九月号（『石油タンパクに未来はあるか』収録）。

「富山県乳牛事故調査報告書を読んで」『環境破壊』一九七四年九月号（『石油タンパクに未来はあるか』収録）。

「農林省は〝石油化学工業省〟」『土と健康』一九七四年一二月号。

「石油タンパクの再登場と拒否する論理」『協同組合経営研究月報』一九七五年三月号（『石油タンパクに未来はあるか』収録）。

「酪農に内部崩壊の危機――ロングライフ牛乳に反対する」『エコノミスト』一九七六年四月二七日号。

「ロングライフミルク論」『環境破壊』一九七六年一一月号（『石油タンパクに未来はあるか』収録）。

「日本の畜産とエサ法」『土と健康』一九七七年五月号。

「食肉と安全」『国民生活』一九七八年七月号（『石油タンパクに未来はあるか』収録）。

「本来の有畜農業を創出しよう」『土と健康』一九七八年九月号。

「牛乳のだぶつきと〝南北戦争〞」『国民生活』一九七九年三月号（『石油タンパクに未来はあるか』収録）。

「連載　生きものと食べもの」『環境破壊』一九七九年九月号〜一九八〇年三月号。

「近代化農政に対峙する食糧自給の展望」『土と健康』一九七九年一二月号（『石油タンパクに未来はあるか』収録）。

「輸入小麦の『安全性』」『土と健康』一九八一年一月号。

「飼料《えさ》はほとんど輸入もの」『食べもの文化』一九八一年二月号。

「今日の食糧・明日の食糧」『土と健康』一九八一年五月号。

「米の貿易自由化問題と生産者消費者間提携」『土と健康』一九八七年四月号。

「二羽のニワトリを庭で飼う」『田舎暮らしの本』一九八七年秋季号。

「カリフォルニア米は農薬漬け？——輸入米は輸入小麦粉より一〇倍の危険性がある」『土と健康』一九八八年三月号。

「自給のためのニワトリ大研究」『田舎暮らしの本』一九八八年夏季号。

「恒常的に存在する農薬の発がん性——米国のリポートから」『科学朝日』一九八八年一〇月号。

「食料中に残留する農薬の発癌性について——最近のアメリカの研究レポートより」『協同組合経営研究月報』一九八八年一一月号。

「アメリカの発ガン農薬規制の動向と私たちの課題」『変わる発ガン性農薬規制——アメリカ環境保護庁の告示をめぐって』（日本子孫基金）一九八九年六月。

「アメリカにおけるコメのポストハーベスト農薬——アーカンソーとルイジアナのポストハーベスト農薬の使い方を中心に」『公明』一九八九年七月号、『JOF通信』一二号（一九八九年八月）。

「米国産穀物のポスト・ハーベスト農薬について」『土と健康』一九八九年八月号。

「『自然食』志向①〝市販の野菜は安全か〞」『公明』一九八九年一〇月号。

「『自然食』志向②有機農法の作物は硝酸態窒素、カリ過剰？」『公明』一九八九年一一月号。

「パス殺菌(低温殺菌)牛乳①なぜUHT牛乳でなく、パス殺菌牛乳なのか」『公明』一九八九年一二月号。

「パス殺菌(低温殺菌)牛乳②発ガン物質、食中毒のリスク避ける」『公明』一九九〇年一月号。

「パス殺菌(低温殺菌)牛乳③なぜパス殺菌牛乳を広めるのか」『公明』一九九〇年二月号。

「ニセモノ・ホンモノと安全性――塩・日本酒・酢・低脂肪牛乳および野菜を例として」『公明』一九九〇年三月号。

「玄米食――『高橋式栄養・安全学』の〝玄米食〟攻撃への反論」『公明』一九九〇年四月号。

「自然観・農業観――問題は薬漬け近代農業のありよう」『公明』一九九〇年六月号。

「環境を保全する有機稲作への道――有機農業による穀物自給の展望『公明』一九九〇年一二月号。

「市販の野菜・玄米の残留農薬――高橋暁正著『自然食品は安全か?』批判」『土と健康』一九九一年八月号。

「最近の新聞論調にみる『コメ自由化論』の欺瞞」『食品と暮らしの安全』一九九三年一一月号。

「墓前への「田んぼ」からの報告」『土と健康』一九九四年八・九月合併号。

「'95食糧を考える(上)日本から農業が消される」『食品と暮らしの安全』一九九五年一月号。

「'95食糧を考える(中)土建屋栄えて農業滅ぶ」『食品と暮らしの安全』一九九五年二月号。

「'95食糧を考える(下)二一世紀を生きぬく『もう一つの農』」『食品と暮らしの安全』一九九五年三月号。

「米づくりの実践から問う農と食の安全」『食べもの文化』一九九五年三月号。

「大豆の自給率を上げよう――ビデオ『ポストハーベスト農薬汚染2』を見て」『食品と暮らしの安全』一九九五年五月号。

「連載　くらしの情報」『月刊消費者』一九九五年五月号～二〇〇〇年一月号（奇数月のみ）

「21世紀を生きる有機稲作（上～下）」『週刊農林』一九九五年七月二五日号・九月五日号・一〇月五日号。

「黒豚との出会い」黒豚の会二〇周年記念『くろぶた』一九九五年九月。

「人口増、異常気象、田園減少――世界の食糧事情からみると」『食べもの文化』一九九六年一月号。

「O-157食中毒は牛の人間への逆襲」『食品と暮らしの安全』一九九六年一〇月号。

「O-157に抜本対策　牛糞による堆肥場を」『食品と暮らしの安全』一九九七年一月号。

「食中毒を考える①O-157は近代畜産への警鐘」『土と健康』一九九七年一月号。

「食中毒を考える②O-157対策の有機農業論」『土と健康』一九九七年二月号。

「食中毒を考える③O-157に負けない食を！」『土と健康』一九九七年三月号。

「O157の根本問題と急がれる牛ふん処理対策」(1)酪農家への緊急提言」『酪農事情』一九九七年四月号。

「O157大発生を未然に防ぐ酪農家への緊急提言！——根本問題と急がれる牛ふん処理対策」『酪農事情』一九九七年五月号。

「『土と健康』の編集方針について」『土と健康』一九九七年五月号。

「大量の乳酸菌薬と絶食で——O157食中毒を防ぐ法」『食品と暮らしの安全』一九九七年七月号。

「除草剤耐性大豆に発ガン？農薬残留！」『食品と暮らしの安全』一九九七年七月号。

「大澤勝次氏の遺伝子組み換え作物の安全論批判」『土と健康』一九九七年八・九月合併号。

「O-157の検査法の問題点と対策」『食べもの文化』一九九七年九月号。

「いま『肉を食べる』ということ」『世界』一九九七年一一月号。

「遺伝子組み換え作物を迎え撃つために」『土と健康』一九九八年二月号。

「化学企業が支配する農業に未来はない」『週刊金曜日』一九九八年一〇月二日号。

「『肺炎などを起こす『Q熱』病原体　低温殺菌牛乳から検出』という朝日新聞報道の検討」『土と健康』一九九八年一一月号。

「土から食を問い直す1有機農業はいま……」『田舎暮らしの本』一九九九年二月号。

「農業『バイオ国家戦略』なぞにうつつを抜かすときではない」『週刊金曜日』一九九九年三月一二日号。

「バイオ国家戦略を批判する」『食品と暮らしの安全』一九九九年四月号。

「二一世紀グリーンフロンティア研究」の中止を要請します」『土と健康』一九九九年四月号。

「第二七回日本有機農業研究会大会・総会と『有機農業ハンドブック』出版記念会を振り返って」『土と健康』一九九九年四月号。

「土から食を問い直す2鶏卵と鶏肉」『田舎暮らしの本』一九九九年五月号。

「米国産牛肉に発ガン物質?」『食品と暮らしの安全』一九九九年六月号。

「日本の稲作に大規模化・バイオテクノロジー化がそぐわないのはなぜか?」『2001 Fora』一九九九年六月号。

「アメリカ産の発ガン性のあるホルモン牛肉を拒否しよう!」『土と健康』一九九九年七月号。

「牛乳の基礎知識　ミルクタンパク変換マシーンはいらない」『週刊金曜日』一九九九年七月二三日号。

「土から食を問い直す3さあ大豆を蒔こう」『田舎暮らしの本』一九九九年九月号。

「二一世紀は有機稲作の道を」『通販生活』一九九九年一〇月号。

「有機大豆・エサの自給を!」『土と健康』一九九九年一一月号。

「土から食を問い直す4遺伝子組み換え食品は危ない!?」『田舎暮らしの本』二〇〇〇年二月号。

「家畜本来の生理を尊重する」『婦人之友』二〇〇〇年六月号。

＊このほか、七〇年代半ばから八〇年代初頭にかけて、『たまご通信』(たまごの会)に多くの論文を発表している。

書評

『石油タンパクに未来はあるか』(自著紹介)『土と健康』一九八〇年七月号。

『安全でおいしい有機米づくり』(自著紹介)『土と健康』一九九三年五月号。

「米の自由化を迎え撃つための2冊の本」『食品と暮らしの安全』一九九四年三月号。

『緑の革命とその暴力』(ヴァンダナ・シヴァ著)『週刊金曜日』一九九八年九月一八日号。

『除草剤を使わないイネつくり』（民間稲作研究所編）『土と健康』二〇〇〇年一・二月合併号。

対談・座談会

「『複合汚染』をめぐって」（高橋晄正氏・綿貫礼子氏ほかと）『技術と人間』一九七五年八月号。

「奄美の食と農業」（基俊太郎氏と）『土と健康』一九七八年八月号。（『石油タンパクに未来はあるか』収録）

「コメが日本から消えてしまう！」（岸康彦氏と）『宝島30』一九九三年一二月号。

「『安全』を食べたい2　今夜はすき焼き」（聞き手・安藤節子氏）『婦人之友』一九九四年二月号。

「国際基準がもたらす日本の有機・減農薬農業への影響」（オン・クンワイ氏・久保田裕子氏ほかと）『食品と暮らしの安全』一九九六年一一月号。

「牛から現代文明の歪みを見る」（長坂豊氏と）『食品と暮らしの安全』一九九八年一二月号。

「二十一世紀の食と農を考える㈠米過剰のなかでの有機農業運動の課題」（伊藤康江氏・山浦康明氏ほかと）『土と健康』一九九九年一一月号。

講演記録

「食糧自給運動の意義と展望」『ジャパン・プラス20レポート1』（大竹財団）一九七八年一月（ジャパン・プラス20月例会、一九七七年四月）。

「人間の育つたべもの」乳幼児食研究会、一九八八年八月（乳幼児食研究会第七回夏期セミナー、一九八七年七～八月）。

「『連邦研究会議』による発癌農薬規制についてのＥＰＡへの提言」『ＪＯＦ通信』一七号（一九八八年一二月）。

「日本の食料政策はいかにあるべきか――いのちと環境と日本の農を考える」『食品と暮らしの安全』一九九四年五月号。

「自給こそ有機農業における安全の思想」『土と健康』一九九八年二月号（『土と健康』創刊三〇〇号記念シンポジウム、

一九九七年一二月）
「遺伝子組換え飼料の問題点」『土と健康』二〇〇〇年八・九月合併号（「遺伝子組み換え作物いらない！大豆トラスト交流集会」二〇〇〇年一月）。

未発表の主要論文・連載

「牛乳中のβ-BHCの暫定許容量の学問的根拠について」一九七二年。
「牛乳のもう一つの科学技術論――高橋晄正氏のUHT牛乳擁護論批判」一九八七年。
『もう一つの田圃』所収、一九八八年～九五年。
「残飯発酵ノート」一九九一年。
『水田養魚通信』所収、一九九三年。
「序章　消費者が米つくりを始める時代」一九九五年。
「2章　田んぼを始める動機」一九九五年。
「3章　近代化稲作を超える有機米つくり」一九九五年。

追悼集

「高松修追悼号」『水車むら通信』二〇〇〇年春号。
『食品と暮らしの安全』二〇〇〇年五月号。
『追想　高松修』ゆう出版、二〇〇一年五月。

作成　大江正章

高松修略年譜

一九三五年　二月二一日、神奈川県横須賀市に生まれる。
一九四四年　疎開のため、新潟県北蒲原郡へ移り住む。
一九五〇年　新潟県立新発田高等学校に入学。
一九五三年　新潟大学工学部精密機械科に入学。
一九五七年　同学部を卒業。
一九五八年　三月、同学部専攻科修了。四月、理研光学工業（後のリコー）に入社。
一九六三年　三月、リコー退社。一〇月、東京都立大学工学部電気工学科電気物性研究室助手に採用。
一九六八年　東京都町田市鶴川の日本住宅公団鶴川団地（五丁目団地）に入居。六、七月の梅雨期に畳にダニが大量発生、公団との交渉に奔走する。
一九六九年　タマ消費生活協同組合の設立に関与。
一九七二年　四月、前期「たまごの会」（河内農場）発足に関与。一二月、「石油タンパクの禁止を求める連絡会」の設立に関与。このころ日本有機農業研究会常任幹事となる（八七年まで）。
一九七三年　「たまごの会」八郷農場建設に関与。
一九七四年　一二月、「土を活かし、石油タンパクを拒否する会」の結成に関与。
一九七八年　このころ「朝霞事件」の容疑者として手配中の滝田修（竹本信弘）を「たまごの会」から引き取り、逮捕されるまでの四年間、個人的に匿う。
一九八二年　八月、滝田修を匿った容疑で埼玉県警に逮捕される（略式起訴）。
一九八五年　茨城県八郷町で一六aの田んぼを借りて、無農薬の有機米づくりを始める。
一九九一年　田んぼを三七aに増やす。
一九九六年　三月、東京都立大学工学部電気工学科助手を退官。八郷町の田んぼの近くに小屋を建て、生活の本拠とする。
一九九七年　二月、日本有機農業研究会常任幹事（科学部会担当）となる。三月、日本有機農業研究会発行の『土と健康』の編集長となる。
一九九九年　二月、第二七回日本有機農業研究会茨城大会・総会の実行委員長を務める。一二月、日本子孫基金運営委員となる。
二〇〇〇年　一月、胃ガンが発覚。二月七日、国立がんセンターへ入院し、九日に手術。三月一〇日、つくばセントラル病院へ入院し、一三日に手術。
四月七日、逝去。

初出一覧

プロローグ
近代化農業の破局と明日の有機農業（原題「日本の稲作に大規模化・バイオテクノロジー化がそぐわないのはなぜか？」）『２００１Ｆｏｒａ』（市民フォーラム２００１）一九九九年六月号

第Ⅰ部

第１章　なぜ遺伝子組み換え技術を拒否するのか！　日本有機農業研究会編『有機農業ハンドブック』農山漁村文化協会、一九九九年
第２章　遺伝子組み換え飼料の問題点　遺伝子組み換え作物いらない！大豆畑トラスト交流集会講演、二〇〇〇年一月三〇日
第３章　生活者の科学技術論（原題「牛乳のもう一つの科学技術論——高橋晄正氏のＵＨＴ牛乳擁護論批判）　未発表、一九八七年三月

第Ⅱ部

第１章　近代稲作と自由化を超えて　星寛治・高松修編著『米——いのちと環境と日本の農を考える』学陽書房、一九九四年
第２章　一枚の田圃にかける夢　未発表、一九八七年九月二一日
第３章　手取り除草不要の省力・良食味米・二毛作栽培　『もう一つの田圃91—Ⅱ』私家版、一九九一年三月二三日、最終改訂一一月六日
第４章　レンゲを生かした稲作　未発表、一九九五年二月一二日

第5章　コイの稲の生育への影響　『水田養魚通信2』私家版、一九九三年六月一八日、字句訂正六月二五日
第6章　21世紀を生きる稲作　『もう一つの田圃91―(6)』私家版、一九九一年一一月八日
第7章　さあ大豆を播こう　『田舎暮らしの本』一九九九年九月号

第Ⅲ部

第1章　近代畜産の技術　『食べものの条件』績文堂、一九八一年
第2章　O157に負けない有畜農業（原題「牛のふんは大丈夫？」）『酪農事情』一九九七年夏季増刊号『いま牛は警告する』
第3章　よい牛乳に適した牛の飼い方とパス殺菌の条件　『怖い牛乳　良い牛乳』ナショナル出版、一九八六年
第4章　養鶏の規模とエサ　「たまご通信」一九八号（一九八一年二月）
第5章　二羽のニワトリを庭で飼う　『田舎暮らしの本』一九八七年秋季号
第6章　黒豚をとおした提携　『くろぶた』一九九五年九月、『土と健康』一九七八年八月号
第7章　私がめざす食べ方と農業（原題「これからの有機農業運動・その課題と展望」）『消費者のための有機農業講座1』ＪＩＣＣ出版局、一九八一年

第Ⅳ部

第1章　工業化社会から「農」の世界への自分史　未発表、一九九五年二月
第2章　土を活かし、石油タンパクを拒否する論理（原題「石油タンパクを拒否する論理」「『もうひとつの道』を求めて」）『石油タンパクに未来はあるか』績文堂、一九八〇年。
第3章　都市からの援軍としての、たまごの会（原題「たまごの会のネガ像と打開の道」）『たまご通信』一九八〇年一月（『石油タンパクに未来はあるか』収録）

あとがき

本書は、二〇〇〇年四月七日に胃ガンで逝去した高松修氏の主要論稿を集めて編んだものである。収録した論稿は一九七〇年代後半から逝去直前の二〇〇〇年一月（講演）までにわたり、石油タンパクを拒否する論理、消費者自給農場の思想と活動、八〇年代なかば以降の有機米づくりの実践と技術、有機畜産とは何か、晩年の遺伝子組み換え技術に対する反対の根拠などがまとめられている。書籍・雑誌に発表されたものに加えて、高松氏の書庫や遺族の了解を得て拝借したワープロにあった原稿から、一部の仲間のみが目にしていた未公刊のものも収録し、氏の思想と行動の全容がわかるように努めた。

高松氏は七二年に「たまごの会」と「石油タンパクの禁止を求める連絡会」の結成にかかわって以来、思想・実践の両面で日本の有機農業運動・食べものの自給運動に大きな影響を与えてきた。日本有機農業研究会・日本子孫基金・日本消費者連盟などの市民運動の理論的バックボーンとして活躍してきたことは、多くの人が知るところだ。九〇年代は茨城県八郷町で有機米づくりに力を注ぎ、無農薬・無化学肥料で周囲の慣行農法の農家を上回る収量をあげてきた。そして、その暖かい人柄と笑顔、舌鋒鋭い批判精神は、多くの人を引きつけてきたものである。

しかしながら、九九年後半から体調をくずし、二〇〇〇年一月に胃ガンとの診断を受ける。そして、三月に手術を受けた後に病状が急変し、帰らぬ人となった。その数年前から単著を書き下ろす構想を話し合っており、その前半はワープロに保存されていたが、未完のままであり、実現できなかったことは、残念でならない。

本書の構成については、有機米づくりを含めて九〇年代に多くの行動をともにしてきた私が原案をつくり、久保田裕子氏、合田寅彦氏、中島紀一氏にアドバイスいただいたうえで確定した。あわせて、高松氏の主張と思想、行動の意義を中島紀一氏に解説していただいた。

各論文については、明らかな誤字・誤植を修正したほか、基本的な用字・用語は統一した。ただし、水田と田圃のように意味あいがやや異なるものや文体は、そのままにしてある。また、文意をわかりやすくするために、［ ］内で必要な説明を補った（例、今年［二〇〇〇年］）ほか、一部の論文で小見出しを加え、タイトルを変えた。なお、著作一覧についてはわかる範囲でまとめたものであり、七〇〜八〇年代を中心に抜け落ちている論文があることをお断りしておきたい。

最後に、原稿の収録を快く許可いただいた各出版社、著作一覧をまとめるにあたって協力を得た、前記三氏に加えて上杉康幸・魚住道郎・岡田美智子・奥沢喜久栄・戸松正・丸田晴江・若穂井ヨリ子の各氏、写真を提供していただいた小若順一・鈴木春子・横田不二子の各氏に深く感謝する。

二〇〇一年四月七日

コモンズ編集部　大江正章

〈著者紹介〉
高松　修（たかまつ・おさむ）
1935年　神奈川県横須賀市に生れる。
1972年　消費者自給農場「たまごの会」の発足、『石油タンパクの禁止を求める連絡会』の設立にかかわる。
1972～87年、97～2000年　日本有機農業研究会常任幹事。
1985年　茨城県八郷町で有機農業による米づくりを始める。
2000年4月7日　胃ガンにて逝去。
主　著　『石油タンパクに未来はあるか』（績文堂、1980年）、『食べものの条件』（績文堂、1981年）、『有機農業の事典』（共編著、三省堂、1985年）、『怖い牛乳 良い牛乳』（ナショナル出版、1986年）、『安全でおいしい有機米づくり』（共著、家の光協会、1993年）、『米――いのちと環境と日本の農を考える』（共編著、学陽書房、1994年）、『有機農業ハンドブック』（編集、日本有機農業研究会発行、農山漁村文化協会発売、1999年）。

有機農業の思想と技術

二〇〇一年五月一日　初版印刷
二〇〇一年五月五日　初版発行

著者　高松　修

発行者　大江正章
発行所　コモンズ
東京都新宿区下落合一−五−一〇−一〇〇二
TEL〇三（五三八六）六九七二
FAX〇三（五三八六）六九四五
振替〇〇一一〇−五−四〇〇一二〇
info@commonsonline.co.jp
http://www.commonsonline.co.jp/

印刷・東京創文社／製本・東京美術紙工
乱丁・落丁はお取り替えいたします。
ISBN 4-906640-41-9 C 1061